Retrouvez l'ensemble de nos publications sur
www.editionsjourdan.com

Intéressé(e) par nos publications ?
Laissez-nous vos coordonnées électroniques et nous nous ferons un plaisir de vous tenir au courant de nos nouvelles parutions.
Mail : info@editionsjourdan.com

Paris-Bruxelles

ISBN : 978-2-87466-124-2 – EAN : 9782874661242
Dépôt légal : D/2010/9685/07

Curieuses histoires de la Science

Quand les chercheurs se trompent

Du même auteur

Chez le même éditeur

Histoires des sciences et de l'industrie en Belgique

Aux éditions L'Harmattan

Mathématique et vérité (Une philosophie du nombre)

Une Philosophie de la poésie, 2006

Le Signe de l'humain (Une philosophie de la technique), 2005

Aux éditions Vuibert

Nouvel abrégé d'histoire des mathématiques, IV

De l'outil à la machine (histoire de la technique), IV

À la découverte des éléments de la matière, VI, 2009

Expliquer l'Univers (histoire de la physique depuis 1900), VII, 2008

Penser le monde (histoire de la physique jusqu'en 1900), IV, 2006

La Vie expliquée par la chimie (histoire de la biologie moléculaire), 2006

Penser le vivant (histoire de la médecine et de la biologie), IV, 2005

De la machine au système (histoire de la technologie), VII, 2004

Jean C. Baudet

Curieuses histoires de la Science

Quand les chercheurs se trompent

JOURDAN
Editeur

Introduction

La science est vérifiable mais elle n'a pas réponse à tout. Il existe d'autres discours, qui ont une réponse à toutes nos questions. Mais ces discours à prétention de vérité universelle ne sont pas vérifiables !

Ce n'est pas une boutade.

Ce n'est pas une petite phrase, prononcée pour faire passer le temps ou pour égayer l'atmosphère, au comptoir, en buvant un petit blanc ou en dégustant son café noir avec un cube de saccharose cristallisé. C'est, très exactement, et très tragiquement, la situation de l'intelligence en ce début de siècle, également partagée (paraît-il, mais est-ce vérifiable ?) entre presque sept milliards de représentants (mâles et femelles) d'une espèce vivante que les zoologistes du XIXe siècle, gens fort optimistes à l'époque, ont baptisée, évidemment en latin, *Homo sapiens*, l'homme sage, raisonnable, prudent, judicieux. Car le français propose plusieurs traductions de *sapiens*, qui a la même racine que *sapidus*, ce qui signifie « qui a de la saveur, du goût ». Mais l'*Homo sapidus* ne concerne que les anthropophages.

Rassurez-vous, je ne vais pas vous parler des horreurs du cannibalisme. Mais, quand même, je vous entretiendrai de quelques erreurs-horreurs. En soi, elles ne sont peut-être pas bien tragiques, ne dit-on pas, en latin, *errare humanum est*, l'erreur est humaine ? Mais justement, de l'erreur à l'illusion, il n'y a qu'un pas, et ce pas nous conduit tout droit vers les horreurs, le mot n'est hélas pas trop fort, du « bourrage des crânes », de l'intolérance et du fanatisme. Non, ce n'était pas une simple boutade ! Il y a cette situation ultra-tragique, qui est la nôtre, celle de presque sept milliards d'hommes et de femmes généralement fort mal armés pour s'en rendre compte, cette situation que d'un côté il y a la science, la pensée réfléchie et prudente, dont les propositions sont vérifiables, mais qui hélas ne répond pas à toutes les questions qui hantent l'humanité, et que de l'autre côté il y a de nombreuses idéologies, religions, superstitions et constructions mythiques qui ont réponse à tout, définitivement, dogmatiquement, et pour les siècles des siècles.

Nous sommes loin de l'humour de comptoir. Nous sommes au cœur de la condition humaine, inquiétante et tragique. Que savons-nous ? Et ce que nous savons, *qu'est-ce que ça vaut* ? Quelle est la valeur de la science ?

Je vais répondre en vous racontant quelques anecdotes, bien connues des spécialistes, mais souvent oubliées, et assez drôles, en somme.

Je vais vous montrer, en puisant quelques exemples dans l'histoire – une histoire qui dure depuis plus de 25 siècles, si on admet que la pensée scientifique apparaît avec Thalès de Milet –, je vais vous signaler quelques erreurs de la pensée humaine quand elle veut aller trop vite pour connaître et pour comprendre. Quelques cafouillages de cet édifice surprenant, un édifice existant à plus de six milliards d'exemplaires, que les biologistes et les médecins appellent le SNC, le « système nerveux central », qui est formé de deux hémisphères cérébraux de substance molle, d'une moelle épinière et de quelques annexes. Ce SNC que l'on appelle aussi l'esprit humain, l'intelligence, la raison, *ratio* en latin, *logos* en grec. Ce que certains discours invérifiables, mais ayant réponse à toutes les questions, appellent l'*âme*.

Je ne vais pas établir le vaste, presque infini, tableau des divagations de l'âme humaine, c'est-à-dire du cerveau, formé de quelques milliards de neurones inter-connectés en un grand « réseau pensant ». Cette « âme » est faite pour produire des idées, et rien ne la limite dans ses « idéations ». Elle conçoit, avec une grande facilité, des monstres plus monstrueux que les iguanodons ou les tyrannosaures, elle imagine des utopies et des uchronies, elle invente un âge d'or ou des lendemains qui chantent, elle crée des valeurs, des droits et des devoirs, des astres plus brillants que les étoiles, des gouffres plus profonds que les océans. Ce n'est pas ce travail d'imagination qui nous « interpelle », où l'on retrouve les naïvetés de l'enfant, les constructions bizarres du rêveur, les terreurs du primitif, les fantasmes de l'exalté, les enchantements du poète, les illuminations du mystique et les hallucinations du fou.

Tout cela forme l'immense bric-à-brac des dossiers psychiatriques et des rapports d'enquêtes des ethnographes et des historiens. C'est intéressant, certes, c'est même passionnant, mais en somme cela n'a rien d'étonnant. Quand on rêve, quoi de plus naturel, de plus normal que de fixer des ailes à un cheval, d'imaginer des êtres invisibles mais agissants, d'inventer des entités extraordinaires ? Les bandes dessinées, les religions et les romans d'aventures sont pleins jusqu'à l'indigestion de héros fabuleux, de vampires, de fantômes, de voyages intergalactiques, d'âmes mortes, de dieux, d'esprits, de démons, de diables, d'influences astrales, de pierres magiques, de métempsychoses, d'hommes invisibles, de sorcières, d'extraterrestres, de soucoupes volantes, d'araignées géantes, de fées, de saints et de martyrs…

Le surnaturel est tout naturel, si l'on comprend bien que l'esprit humain est doté d'un simple mais immense pouvoir, qui est de donner un nom à chaque chose, *et même de donner un nom à des choses qui n'existent pas* !

Ce n'est donc pas des innombrables facettes de l'imagination humaine que nous nous occuperons, dont l'étrangeté est finalement bien pauvre. Quoi de plus « normal » qu'un esprit comme celui des hommes imagine des entités mystérieuses, des pactes avec le diable, des morts revenant effrayer les vivants, des êtres immortels, des pierres sacrées dotées de je ne sais quel étrange pouvoir ? Ce qui va nous intéresser, c'est qu'au sein de la science, parmi ces hommes très rares qui, au cours du temps, ont construit la science, au cours de quelques siècles après des millénaires de pensée « archaïque », voire après (pour nos plus lointains ancêtres) pas de pensée du tout, ce qui va retenir notre attention c'est qu'au sein de ce savoir scientifique produit avec d'immenses précautions méthodologiques, savoir devenu immense et décisif pour le sort même de l'humanité, il s'est produit quelques dysfonctionnements, parfois simples errements vite corrigés par la communauté scientifique, parfois lourdes erreurs qui aveugleront pendant des années, pendant même de longs siècles, la plus haute pensée des hommes !

Ce qui est intéressant, ce ne sont pas les inévitables fantasmagories de la pensée la plus ordinaire, mais les étonnants ratages de la pensée la plus exigeante.

La science, qui a mis des millénaires pour apparaître parmi les hommes, qui ne va jamais concerner directement qu'une infime proportion parmi les humains, mais qui va influencer le sort de tous, cette science qui est la lente construction de la vérité, va de temps en temps retomber dans les erreurs, les fantasmes et les illusions.

Voici quelques-uns de ces errements.

Les quatre (ou cinq ?) éléments

L'erreur est inhérente à la recherche. Demandez-le au commissaire Maigret ou à un de ces inspecteurs de police des séries télévisées : ils cherchent l'assassin mais ils commencent souvent par soupçonner des innocents. Ainsi va toute recherche du vrai, et même la recherche scientifique de la vérité, la plus haute activité intellectuelle chez les humains, fonctionne avec le risque constant de l'erreur.

Mais au fait, c'est quoi, « la science », la « recherche scientifique » ?

C'est précisément en étudiant comment elle a commencé, comment elle est apparue parmi les hommes, que nous découvrirons sa nature, qui en réalité est très simple. Les spécialistes, qui ont étudié les textes « scientifiques » du début du XXIe siècle, puis qui ont étudié les textes du XXe siècle (notamment les ouvrages d'Albert Einstein), puis les textes du XIXe siècle (Charles Darwin), puis les textes du XVIIIe siècle (Antoine-Laurent de Lavoisier), puis les textes du XVIIe siècle (Isaac Newton), puis les textes du XVIe siècle (Nicolas Copernic) et ainsi de suite, en remontant le temps, ces spécialistes ont achevé leur quête des origines en remontant jusqu'au tout début du VIe siècle avant notre ère. Ils s'accordent pour affirmer qu'alors paraissent les premiers textes « scientifiques » et, donc, que tous les textes antérieurs, par exemple l'*Iliade* et l'*Odyssée*, qui datent du VIIIe siècle avant Jésus-Christ, ne méritent pas cet adjectif « scientifique ». Les textes encore plus anciens, écrits en hiéroglyphes, que l'on a découverts dans les tombeaux égyptiens, ou écrits en cunéiformes, que les archéologues ont extraits des sables de Mésopotamie, tous ces textes très anciens ne sont pas davantage des œuvres scientifiques. La science est née tardivement – deux millénaires et demi après l'invention de l'écriture, dix millénaires après les commencements de l'agriculture et de l'élevage – dans l'histoire des hommes. Elle est née en Grèce, à Milet, en Ionie (aujourd'hui l'Ionie est un territoire possédé par les Turcs), au début du VIe siècle, il n'y a même pas trois mille ans. Les pyramides d'Égypte sont plus anciennes...

Que s'est-il passé ? Un homme – il s'appelait Thalès – s'est posé des questions. Cela n'est pas nouveau. Et il a voulu répondre par lui-même, il a eu l'extrême audace de rejeter toutes les réponses proposées par d'autres et de prétendre trouver les réponses par sa seule réflexion. Cela est inouï, jamais vu, d'une novation absolue !

Eh bien, c'est cela, la science ! Et aussi la philosophie, car à l'époque de Thalès de Milet, la distinction entre science et philosophie n'est pas encore clairement établie. Thalès de Milet est le premier savant et le premier philosophe.

La science, c'est la décision de résoudre les problèmes en rejetant résolument toutes les solutions proposées par les traditions, par « les autres », c'est vouloir répondre en ne faisant appel qu'à sa propre intelligence, à ses propres facultés mentales, à la raison. Balayer, d'un même mouvement décisif, les traditions religieuses – c'est-à-dire Homère et Hésiode, mais aussi toutes ces mystérieuses croyances des Égyptiens (Isis et Osiris), des Mésopotamiens (Nanna, Utu et Inanna) et des autres « Barbares ». La science a commencé quand *certains hommes* ont cessé de croire aux injonctions des prêtres, aux récits des poètes, aux explications des anciens, aux codes des législateurs, aux exhortations des prophètes, aux promesses des démagogues, aux enseignements des gurus... Insistons bien, depuis Thalès de Milet jusqu'aux laboratoires et observatoires de nos jours, la science est produite et partagée par *un très petit nombre d'hommes*.

C'est vraiment très simple ! La science et la philosophie, c'est-à-dire la pensée rationnelle (du latin *ratio*), la pensée logique (du grec *logos*), la pensée réfléchie, c'est *la tradition qui rejette toutes les traditions*. C'est une tradition, bien sûr, puisque c'est une histoire, et Platon recueille les idées de Thalès, et Aristote a reçu les enseignements de Platon, et bien plus tard encore, Planck se basera sur Maxwell, puis Einstein se basera sur Planck, puis les physiciens d'aujourd'hui se baseront sur ces physiciens d'hier, mais pas pour accepter pieusement les idées de leurs prédécesseurs comme une sainte et intouchable tradition, mais tout au contraire en examinant cet ensemble d'idées de manière impitoyablement critique, et que l'on acceptera ou que l'on réfutera. Voilà la toute simple différence entre la pensée philosophique, rationnelle, scientifique, et la pensée spontanée, archaïque, toujours respectueuse des traditions. Je ne vais pas développer ici cette idée que j'ai développée dans d'autres ouvrages, mais il y a là un fait historique et psychologique d'une extrême simplicité. De tous les peuples des temps anciens dont on connaît des textes, seuls les Grecs – ou, du moins, *certains* Grecs – ont osé mettre en doute et rejeter leurs traditions. C'est pourquoi il n'y a, parmi les nombreuses productions idéologiques des hommes, que celles issues de la pensée grecque que l'on peut considérer comme « scientifiques ». Il y a une science « occidentale » qui va, en droite ligne, de Thalès de Milet à Einstein et aux prix Nobel de notre temps. Si l'on a bien compris la signification du mot « science », on comprend facilement qu'il n'y a pas eu de science arabe, pas plus que de science latine, au Moyen Âge. Les médiévaux, tant en pays musulman et en arabe qu'en pays chrétien et en latin, n'ont pas eu l'audace de rejeter le Coran ou les Évangiles, et pendant dix siècles il n'y eut pas de véritable pensée scientifique. Il n'y a pas eu davantage de « science chinoise », de « science indienne » ou de « science maya ». Ce qui, évidemment, ne signifie pas que les Chinois, les Indiens, les Mayas ou les Égyptiens de la période pharaonique ou les Sumériens ou même les aborigènes les plus primitifs, n'avaient pas certains « savoirs ». Mais savoir faire du feu, savoir tailler des pierres, savoir noter le mouvement des étoiles et savoir faire des additions et des multiplications, est-ce déjà de la science ? À ce compte-là, dans nos écoles primaires, les bambins de dix ans qui calculent le volume d'un cylindre ou d'un cube sont de grands scientifiques...

Donc, la science commence avec Thalès de Milet.

Il se pose la grande question : de quoi est fait le monde, quel est le constituant de l'Univers, d'où viennent tous ces objets infiniment divers qui nous entourent, pierres, plantes, animaux, nuages dans le ciel, étoiles ? Il rejette les cosmogonies mythiques qui font intervenir des dieux créateurs ou organisateurs du cosmos, il rejette toutes ces traditions transmises par des prêtres et des poètes et il se propose de répondre *lui-même* à cette question. Il a confiance dans les capacités de l'intelligence humaine. Il observe et compare. Il sait qu'un même homme peut engendrer des enfants tous différents. Il sait qu'un forgeron peut transformer le bronze en fusion en une hache, un glaive ou une statue. Il sait qu'une racine se différencie en tiges, en feuilles, en fruits. Il sait qu'une source se transforme en un mince filet d'eau, puis en une rivière, parfois même en un puissant fleuve. Il se convainc donc que la multiplicité peut venir de l'unité, qu'une « source », une « racine » unique doit être à l'origine des choses les plus diverses. Ses observations se succèdent, ses raisonnements se développent, et il arrive à cette conclusion, qu'il doit uniquement à sa propre réflexion, que toutes les choses du monde, malgré leur diversité immense, ne sont finalement faites que d'une seule réalité ultime, qui est l'eau, c'est-à-dire une substance liquide, versatile, qui contient en puissance toutes les substances cosmiques.

Ne cherchez pas encore l'erreur.

Bien sûr, pour l'homme du XXIe siècle, le raisonnement de Thalès semble bien naïf. Il est étonnamment moderne et puissant, au contraire. Le Milésien a compris que l'on peut expliquer le multiple par l'unique, il a élaboré l'idée du monisme (une seule chose expliquant toutes les choses), il a surtout entamé ce processus, qui ne s'arrêtera plus, qui consiste à observer et à réfléchir pour connaître, c'est-à-dire pour construire des réponses.

Thalès (625-548, dates incertaines) eut des successeurs, que l'on appelle les physiciens de Milet, parce qu'ils étudièrent la nature des choses, et que nature se dit « *physis* » en grec. Certains acceptèrent la leçon de Thalès, d'autres poursuivront la réflexion. Anaximène de Milet pensera que le constituant ultime du cosmos est l'air, plutôt que l'eau. Héraclite d'Éphèse pensera que le feu est à l'origine de toutes choses. Xénophane de Colophon, lui, pensera que c'est la terre qui est le constituant universel du monde. Il arrivera qu'un penseur grec, Empédocle d'Agrigente (mort vers 430), fera la synthèse des idées des Milésiens. Empédocle, en effet, admettra qu'il existe non pas un constituant universel à l'origine de tout, mais qu'il en existe quatre. Il y a quatre principes, quatre éléments, quatre racines de toutes choses, et les choses diffèrent les unes des autres par les proportions des éléments qui les constituent. Les substances légères – comme les fumées, par exemple – contiennent une grande quantité d'air, alors que les substances lourdes sont surtout formées de terre. Les substances brillantes contiennent plus de l'élément feu que les substances ternes et ainsi de suite.

Ne cherchez toujours pas l'erreur. L'idée d'Empédocle est naïve, bien sûr, par rapport à nos conceptions modernes, mais c'est une idée « qui se tient », c'est l'idée – opposée au monisme de Thalès – que le multiple ne peut être expliqué que par le multiple. Nous sommes en tout cas très loin des fables cosmogoniques d'un Hésiode chez les Grecs, du *Poème de la Création* chez les Sumériens ou de la *Genèse* des Hébreux, où interviennent des dieux et des esprits invisibles.

En Grèce, les penseurs succèdent aux penseurs, et on commence à les appeler des « philosophes ». L'histoire nous amène en 387, toujours avant notre ère, à Athènes. Dans les jardins d'Académos, un philosophe qui s'appelle Platon (mort en 347) fonde une école de philosophie, que l'on appellera l'Académie, et qui connaîtra un vif et très long succès. Elle ne fermera ses portes qu'au début du VIe siècle après Jésus-Christ, ce qui fait une fort belle longévité pour une institution de l'Antiquité.

L'œuvre de Platon est considérable. C'est un savant universel, qui va s'intéresser, pendant sa longue vie, à toutes sortes de problèmes. Il fut très respecté de son temps et est indiscutablement très respectable. On l'admire encore, aujourd'hui, dans certains milieux intellectuels. Cependant, si on analyse attentivement son œuvre, on y découvre des errements inexcusables.

En voici un…

Platon adopte la théorie des quatre éléments d'Empédocle d'Agrigente. Peut-être aurait-il été mieux inspiré d'adopter la théorie concurrente de Démocrite d'Abdère (mort vers 370), qui disait qu'il n'y a pas quatre éléments, mais qu'il y en a des centaines, sous la forme de particules extrêmement petites et insécables, ce qui se dit *atomes* en grec. Car voici l'erreur. Une erreur incroyable, qui va être proposée au monde savant avec une telle vigueur qu'elle va être adoptée pour mille ans, et même pour plus de mille ans !

Platon expose sa théorie dans un texte intitulé le *Timée*, parce que c'est un dialogue où un des protagonistes s'appelle Timée, un astronome par ailleurs très mal connu. L'erreur ne consiste pas dans l'idée qu'il y a quatre éléments, mais dans la tentative de démontrer qu'il y en a quatre, et seulement quatre. Empédocle a réuni pour les harmoniser les idées de ses prédécesseurs. Ce n'est certes pas une garantie de véracité, mais c'est une démarche assez compréhensible. Platon veut prouver qu'il y a quatre éléments. Et il tombe dans une incroyable ratiocination.

À vrai dire, ce n'est pas de Platon qu'il faut se moquer, mais des générations de commentateurs qui ont admiré la dialectique platonicienne ! Encore actuellement, si je suis bien informé, il y a de très sérieux professeurs de philosophie qui enseignent la doctrine du *Timée*, avec une révérence qui me semble suspecte.

Je ne vais pas reproduire *in extenso* le raisonnement de Platon. Il est fort long et inutilement subtil. En voici les principales articulations.

Platon part du fait que les choses sont visibles et tangibles, ce qui est vrai – du moins pour les choses accessibles par la vue et le toucher – et il en conclut qu'il doit donc exister, au sein des choses, un élément de visibilité et un élément de tangibilité. C'est-à-dire qu'il faut au moins deux éléments, le feu (visibilité) et la terre (tangibilité). Cela semble très raisonnable, mais il ne faut pas réfléchir longtemps pour se demander pourquoi Platon n'est pas allé jusqu'au bout de son raisonnement.

Il y a cinq sens et non deux, Platon le savait bien. Alors pourquoi pas cinq éléments ? Ne faut-il pas aussi admettre un principe de sonorité (l'ouïe), un autre d'olfactibilité (l'odorat), un troisième de sapidité (le goût) ?

Le fondateur de l'Académie ne suit pas cette direction. Après avoir « démontré » qu'il doit exister deux principes au moins, il entame une extraordinaire explication esthétique. Pour faire le monde beau comme il est, il faut une harmonie entre les éléments, et on ne peut pas obtenir une telle harmonie avec deux éléments seulement, il en faut au moins trois. Et puis, même avec trois, ce n'est pas encore assez, et il en faut quatre. Voilà pourquoi il y a quatre éléments !

Platon explique : *Mais avec deux principes seuls faire une belle composition, sans un troisième c'est impossible ; il y faut en effet un lien, un moyen terme, pour concilier les deux. Or, des liens, le plus beau est celui qui à soi-même et aux termes qu'il relie impose la plus complète unité, et c'est ce que, par nature, la proportion accomplit de façon parfaite. Toutes les fois, en effet, que de trois nombres, ou masses ou forces quelconques, le moyen a cette propriété que ce que le premier est à lui-même, lui-même l'est au dernier* (...) *alors, le moyen peut prendre la place du premier et du dernier, le dernier et le premier à eux deux la place du moyen ; tous, de la sorte, c'est une conséquence nécessaire, ont un rôle équivalent* (...) *donc, entre le feu et la terre, le dieu plaça comme intermédiaires l'eau et l'air, et de leurs rapports mutuels, dans la mesure du possible, il réalisa une proportion, ce que le feu est à l'air, l'air étant à l'eau, et ce que l'air est à l'eau, l'eau l'étant à la terre ; les unissant d'un tel lien, il constitua un ciel visible et tangible. Et c'est par ces procédés, et à partir de ces principes, ainsi faits et au nombre de quatre, que le corps du monde fut engendré, mis d'accord par la proportion.*

Cette invraisemblable démonstration a convaincu, et c'est cela qui est le plus invraisemblable ! Alors que la science devrait être le rejet de toute autorité, l'autorité de Platon sera telle que l'on acceptera, pendant des siècles, la théorie extravagante de Platon.

Les cinq polyèdres

Cette première « erreur de la science » (mais peut-on vraiment parler de science ?) va dominer la pensée scientifique et philosophique jusqu'à la fin du XVIIIe siècle. Elle va véritablement « bloquer » la réflexion. Pourquoi réfléchir à la constitution ultime de la matière si Platon, le divin Platon, a résolu le problème de façon définitive ? Le platonisme est ainsi (et pas seulement par sa théorie des quatre principes) non pas une étape de l'histoire de la science, mais un retour de l'esprit religieux ou, du moins, du respect de certaines traditions. Quand la science n'avance pas, elle recule.

Mais ce n'est pas tout. Platon ne se contente pas de démontrer de manière proprement farfelue qu'il y a et qu'il ne peut y avoir que quatre éléments. Il poursuit sa « réflexion ». Il sait que les géomètres ont démontré qu'il ne peut exister que cinq polyèdres réguliers, c'est-à-dire cinq figures inscriptibles dans une sphère, formées de faces toutes égales.

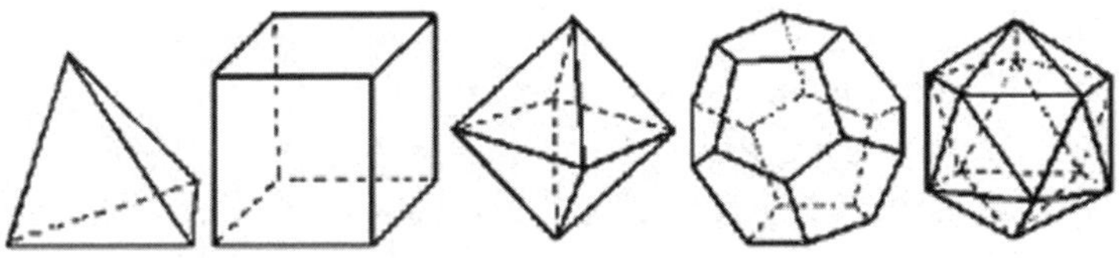

Les cinq polyèdres réguliers

Ces polyèdres sont le tétraèdre (pyramide ayant quatre faces qui sont des triangles), le cube (six faces qui sont des carrés), l'octaèdre (huit faces qui sont des triangles), le dodécaèdre (douze faces qui sont des pentagones) et l'icosaèdre (vingt faces qui sont des triangles). C'est assez remarquable ! Les géomètres grecs étaient parvenus à identifier ces corps, étaient parvenus à démontrer que les sommets de ces corps se trouvent sur une même sphère et ils étaient même arrivés à démontrer de manière irréfutable qu'il n'existe aucun autre polyèdre régulier de ce genre, quel que soit le nombre de ses faces ! Un bel exemple du niveau atteint par la science grecque au IVe siècle avant notre ère…

Eh bien, voici la deuxième et lamentable erreur de Platon, pourtant un des plus brillants esprits d'Athènes, à l'époque où Athènes pouvait se prétendre le centre de l'intelligence humaine. Non seulement, par ses raisonnements parfaitement futiles, Platon « démontre » qu'il n'y a que quatre éléments mais, en outre, il veut absolument qu'il y ait une correspondance entre les éléments et les polyèdres.

Voici le passage du *Timée* qui expose cette idée réellement bizarre : *Les genres dont notre discours a tout à l'heure montré la genèse, répartissons-les entre le feu, la terre, l'eau et l'air. À la terre, précisément, attribuons la forme cubique : le plus immuable, en effet, des quatre genres, c'est la terre et, des corps, le plus plastique* (…). *L'eau, à son tour, se verra attribuer des formes restantes la plus difficilement mobile ; la plus facilement mobile sera pour le feu, la forme intermédiaire pour l'air. De même, le corps le plus petit reviendra au feu, le plus grand au contraire à l'eau, le moyen à l'air ; le plus aigu, enfin, ira pour le feu, le second à cet égard pour l'air, le troisième pour l'eau* (…). *Concluons donc que, selon la droite raison comme selon la vraisemblance, le solide en forme de pyramide est le principe et le germe du feu ; le second dans l'ordre de la genèse, disons qu'il est celui de l'air ; le troisième, celui de l'eau.*

Platon caractérise donc chaque principe par une figure géométrique, qui est un polyèdre régulier. Est-ce convaincant ? Est-ce vraiment un résultat obtenu *selon la droite raison comme selon la vraisemblance* ? Il me semble que non. Pourquoi d'ailleurs une substance primordiale correspondrait-elle à une forme polyédrique ? Pourquoi pas à une couleur ou à un goût ? Et d'ailleurs, il y a un problème. S'il y a bien cinq polyèdres réguliers (et cela, c'est indiscutablement démontré par les géomètres), pourquoi n'y a-t-il que quatre éléments ?

Nous possédons de nombreux dialogues de Platon, ou attribués à Platon. On connaît ainsi un dialogue, *Epinomis*, dont l'attribution au maître est douteuse. Si ce n'est pas Platon qui a écrit l'*Epinomis*, c'est certainement un de ses disciples. Voici un passage qui va nous intéresser : *Il existe cinq corps solides, au moyen desquels on pourrait façonner les choses les plus belles et les meilleures.* (...) *Puisque nous avons distingué cinq espèces de corps, il faut maintenant dire que ce sont le feu et l'eau, nommer l'air comme la troisième espèce, la terre comme la quatrième, l'éther enfin comme la cinquième* (...).

Donc Platon ou, plus vraisemblablement, un de ses élèves a vu la faille du raisonnement et a conclu qu'il y a bien un cinquième élément, l'éther, qui est comme une espèce de feu subtil, constitutif des régions « éthérées », c'est-à-dire les régions du ciel les plus élevées.

La tradition, de Platon jusqu'au XVIIIe siècle et même presque jusqu'à nos jours, voit dans cette théorie des quatre ou cinq éléments rattachés aux cinq polyèdres « platoniciens » une des plus subtiles découvertes de la philosophie. Mais ne nous leurrons pas. Il n'y a là qu'un simulacre de raisonnement, qu'une découverte parfaitement illusoire, qu'une lamentable erreur. Par sa naïve confiance en ses raisonnements, Platon a fait régresser la pensée. Avec le Platon du *Timée*, on en revient aux fantasmes d'un Hésiode ou d'un cosmogoniste sumérien ou égyptien. Croire que l'on peut découvrir l'origine de toutes choses par quelques réflexions. Pendant des siècles, les meilleurs des « intellectuels » vont baser leur vision du monde sur les cinq éléments et les cinq polyèdres !

Évidemment, il nous est facile d'ironiser, et je suis peut-être injuste en me moquant si cruellement du fondateur et maître de l'Académie. Il nous est facile à nous, hommes du XXIe siècle, de nous moquer, entourés de bibliothèques immenses où l'on peut consulter tout (ou presque) ce qui a été écrit depuis Platon jusqu'aux derniers numéros de l'*American Journal of Physics*, du *Journal of the American Chemical Society* ou de l'*International Journal of Theoretical Physics* ou de bien d'autres revues scientifiques. Nous *savons* qu'il n'y a ni quatre ni cinq éléments. Nous *savons* que l'existence de cinq polyèdres réguliers (dans ce que les mathématiciens d'aujourd'hui appellent l'espace euclidien à trois dimensions) n'a rien à voir avec la constitution de la matière. Mais nous *savons* aussi à quel point il est difficile pour l'esprit humain de se détacher des traditions, de se méfier de ses propres idées, d'éviter de tomber dans des conclusions hâtives à partir de quelques vagues correspondances.

Bref, Platon s'est trompé, et lourdement.

Son meilleur élève, Aristote de Stagire (384-322), se trompera aussi. Il acceptera sans hésiter la théorie des éléments de son maître, il adoptera même clairement l'idée du cinquième élément et il ajoutera sa propre autorité à celle de Platon pour faire accepter cette théorie. Pendant plus de mille ans, je le répète, personne, absolument personne n'en doutera : le monde est formé par la réunion de cinq principes, l'eau, l'air, le feu, la terre et l'éther.

Aristote « perfectionnera » même la théorie d'Empédocle et de Platon. Il prétendra qu'il y a un lieu naturel pour chacun des éléments. Il affirmera que le lieu naturel de l'élément terre est au centre de la Terre, ce qui explique que les corps pesants (qui contiennent beaucoup de terre) tombent selon une verticale. Il expliquera que le lieu naturel de l'air est par contre le Ciel, ce qui est prouvé par le fait que les fumées (contenant beaucoup d'air) montent dans l'atmosphère.

Je dois signaler une autre erreur de l'Antiquité grecque, étroitement liée à l'erreur des quatre éléments.

Il s'agit de médecine.

On sait que la médecine, au IVe siècle avant notre ère, à l'époque de Platon et d'Aristote, était un mélange de ferveur religieuse, d'esprit magique et d'observations chirurgicales et pharmaceutiques. On connaissait un peu d'anatomie, on connaissait quelques médicaments (surtout d'origine végétale) plus ou moins efficaces et on ne doutait pas que les maladies étaient provoquées par des esprits malveillants, et on menait les malades dans les temples en espérant la bienveillance des dieux. Bref, une médecine traditionnelle, en rien différente de celle des Égyptiens au début de l'ère pharaonique ou même de ce qu'ont pu observer les ethnographes chez les peuples primitifs. Une médecine de guérisseurs, magico-religieuse, pas une médecine de médecins. En tout cas, pas encore une médecine « scientifique ».

Et voilà que, vers 425, Hippocrate (mort en 370) fonde une école de médecine dans sa ville natale, à Cos. Cet Hippocrate a écrit de nombreux traités de médecine et on connaît donc bien ses conceptions. On peut, réellement, le considérer comme le fondateur de la médecine scientifique : il rejette les traditions, en particulier tout ce qui touche à des interventions d'esprits et de dieux, et il envisage la maladie de façon exclusivement rationnelle. Pour soigner un malade, il ne faut pas prier les dieux mais il faut observer le malade, étudier les symptômes du mal, essayer de comprendre le mécanisme morbide et utiliser les connaissances acquises dans l'étude des maladies pour tenter une action thérapeutique.

Mais il arrive à Hippocrate ce qui arrive à Platon. Sa théorie commence bien – n'admettre que des faits d'observation – mais finit mal – avoir trop confiance dans le raisonnement.

Impressionné par la théorie des quatre éléments, Hippocrate admet en effet que la santé est un équilibre du corps entre quatre constituants principaux, les quatre « humeurs ». C'est vraiment le même processus psychologique que celui d'Empédocle ou de Platon. On part d'observations – il y a, effectivement, des liquides (eau), des solides (terre)… – et on tire des conclusions vraiment rapides. Observation correcte : le corps humain contient des liquides, le sang, la lymphe, la bile. Raisonnement illusoire : il doit y avoir quatre liquides, quatre humeurs, puisqu'il y a quatre éléments, et donc le corps humain doit sa santé à l'équilibre entre le sang, la lymphe, la bile et… l'atrabile. Hippocrate n'a pas observé l'atrabile, pour la raison que l'atrabile n'existe pas. Mais, puisqu'il y a quatre éléments, il *doit* y avoir quatre humeurs ! Ce qu'on ne voit pas, on l'invente !

La théorie hippocratique des quatre humeurs sera acceptée par un nombre considérable des médecins et dominera les conceptions médicales pendant des siècles.

Les sept métaux

Nous avons déjà rencontré trois erreurs de la science, et pas de petites erreurs, ce sont des erreurs qui vont être enseignées pendant des siècles : les quatre éléments (Platon), les cinq polyèdres (Platon), les quatre humeurs (Hippocrate). Eh bien, l'Antiquité grecque est aussi à l'origine d'une quatrième erreur, qui va bloquer pendant longtemps le progrès scientifique mais dont, cette fois, il est difficile de déterminer la paternité.

En effet, si on connaît bien Platon et Hippocrate, parce que l'on possède leurs textes et les textes de nombreux commentateurs, on ne sait rien, absolument rien, de l'erreur – énorme – dont je vais parler maintenant.

On ne sait pas où elle est née.

On ne sait pas comment elle est née.

On ne sait pas quand elle est née.

On ne sait pas qui l'a formulée pour la première fois.

Mais on sait qu'elle apparaît, peut-être à Alexandrie, en tout cas en territoire grec, après les conquêtes d'Alexandre le Grand, un peu avant l'avènement de l'Empire romain, c'est-à-dire au Ier siècle avant Jésus-Christ, peut-être même déjà au IIe siècle.

C'est encore une fois l'idée d'une correspondance. Comme il y eut la correspondance (illusoire) entre les éléments et les humeurs ou entre les éléments et les polyèdres.

À cette époque, les Grecs connaissaient sept planètes, c'est-à-dire sept corps célestes qui ont un mouvement propre dans le ciel, contrairement aux étoiles qui se déplacent toutes ensemble et qui, donc, restent toujours fixes les unes par rapport aux autres, formant ainsi les « constellations ». Ces astres « mobiles » sont le Soleil, la Lune, Mercure, Vénus, Mars, Jupiter et Saturne. Bien. Pas d'erreur. Ces sept corps se distinguent bel et bien des étoiles.

Les Grecs savaient aussi qu'il existe sept métaux, qui sont l'or, l'argent, le vif-argent, le cuivre, l'étain, le plomb et le fer. Pas d'erreur non plus. Il y avait certes d'autres métaux, comme par exemple le bronze, mais les Grecs avaient su faire la distinction entre les métaux proprement dits (les sept) et les alliages que ces métaux peuvent former si on fait certains mélanges. Ainsi le bronze est-il un alliage de cuivre et d'étain.

Et voici maintenant l'erreur. Un jour, quelqu'un a eu l'idée qu'il doit exister une relation, une correspondance (mystérieuse...) entre les sept planètes et les sept métaux. Et quand on se souvient que dans presque toutes les religions les planètes sont des dieux, ou des attributs des dieux, on comprend que cette idée est plus « religieuse » que « scientifique ». Et cette idée très simple, presque évidente (il est bien vrai que sept égale sept !), va immédiatement conduire à toutes sortes d'élucubrations. À chaque planète correspond un métal, l'or est le métal du Soleil, l'argent celui de la Lune, etc. Au vif-argent (ou argent liquide) correspond la planète Mercure, et l'on comprend d'où vient le nom actuel de ce métal, le mercure.

En réalité, il y a ici non pas une erreur, mais deux. Mais une est extrêmement ancienne et bien antérieure à l'avènement de la science avec Thalès de Milet, elle n'entre donc pas dans notre programme. Elle est le fait de la pensée archaïque, pré-scientifique, c'est l'idée fondamentale de l'astrologie : la position des planètes influence les événements terrestres et, en particulier, le sort des humains. C'est une idée religieuse : si les planètes sont des dieux ou même si elles ont le moindre rapport avec les dieux, il est admissible que leurs positions puissent influencer le sort de l'humanité, entièrement dépendante des puissances divines. L'idée de l'astrologie est d'origine sumérienne et il est remarquable qu'elle n'ait pas influencé l'astronomie grecque pendant plusieurs siècles.

Mais c'est la deuxième idée qui nous intéresse car elle apparaît après les enseignements de Thalès, de Platon, d'Aristote, c'est-à-dire à une époque où la pensée scientifique est déjà constituée, même si elle est encore très fragile, même si elle retombe facilement dans les ornières du mythe. S'il y a une correspondance « mystique » entre planètes et métaux, c'est que ceux-ci participent à d'immenses correspondances cosmiques, et la hiérarchie entre les planètes (dont la plus importante, la plus puissante est évidemment le Soleil) doit entraîner une hiérarchie entre les métaux. C'est ainsi que l'on considérera que l'or est le métal parfait, que l'argent se rapproche le plus de la perfection et que les autres métaux s'en éloignent de plus en plus, le plus vil des métaux étant le fer. Ces considérations sur la perfection métallique vont entraîner l'idée que cette perfection peut être atteinte par des opérations adéquates, un peu comme les métallurgistes sont capables de transformer certains métaux en alliages – par exemple le cuivre en bronze. Pendant quelques siècles, cette idée va se développer et aboutir à toute une doctrine, extraordinairement compliquée, où l'on croit qu'il est possible, par des manipulations adéquates (et soigneusement tenues secrètes par les initiés), de transformer les métaux vils en or ou en argent. C'est ce que, bien plus tard, au Moyen Âge, on appellera l'alchimie.

L'erreur de l'alchimie est évidente. Les alchimistes seront de plus en plus nombreux à la fin de l'Antiquité et pendant tout le Moyen Âge, ils écriront des traités innombrables (mais difficiles à déchiffrer, car utilisant un symbolisme compliqué), ils chercheront le moyen de préparer la « pierre philosophale » qui doit être capable de réaliser la transmutation en argent (le Petit Œuvre) ou en or (le Grand Œuvre).

Mais personne n'arrivera à préparer la « pierre des philosophes ».

Et une erreur (qui est une illusion) en entraînera d'autres, nouvelles illusions. Au cours du Moyen Âge, on verra apparaître l'idée que la pierre philosophale permet de préparer la « panacée universelle », c'est-à-dire le médicament qui guérira de toutes les maladies, et aussi l'« élixir de longue vie », qui augmentera de façon spectaculaire la longévité humaine.

Qui ne voit, d'ailleurs, la source psychique des trois erreurs ? Car, évidemment, tout le monde rêve de richesse facile, de santé durable et de vie très longue. Et quand la raison n'est pas vigoureuse et vigilante, le rêve se transforme en espoir, et certains y croient.

Quand on écoute les discours d'aujourd'hui, dans quelque domaine que ce soit, discours prononcés par des personnalités qui sont souvent d'incontestables experts dans leur champ de réflexion et d'action, qui ont parfois atteint de véritables sommets de l'intelligence humaine, il faut se souvenir qu'il fut un temps, et un temps qui a duré, où les meilleurs esprits, intelligents, cultivés, expérimentés dans la réflexion et l'observation, étaient à la recherche de la pierre philosophale et cherchaient le moyen de la santé durable et de la richesse absolue. Nous connaissons les noms de certains de ces chercheurs, à la pointe de la science de leur temps. Quelques-uns ont montré dans d'autres domaines que l'alchimie à quel point ils étaient sensés et intellectuellement formés. Il y eut notamment Albert le Grand (mort en 1280), philosophe, surnommé le « doctor universalis », qui a enseigné à l'Université de Paris ; Roger Bacon (1214-1294), philosophe, qui a enseigné à l'Université d'Oxford ; Arnaud de Villeneuve (mort en 1311), médecin ; Raymond Lulle (mort en 1316), philosophe.

L'erreur « alchimique » aura persisté quinze siècles, un peu plus même, car il y avait encore des croyants en l'alchimie au siècle dernier. Je ne serais même pas étonné qu'il y en ait encore quelques-uns aujourd'hui, se moquant dans leur laboratoire de la « science officielle »… Cela nous entraînerait fort loin d'examiner toute cette pseudo-science qui trouve encore un public de nos jours, un public qui préfère étudier les révélations « ésotériques » et les théories « hermétiques » des Fulcanelli et autres occultistes que de s'initier plus humblement aux travaux de laboratoire des chimistes « ordinaires ». Car il ne s'agit plus d'erreurs « scientifiques », faites dans le cadre de la recherche scientifique sérieuse, mais de simples illusions de braves gens imbibés d'une pseudo-culture, où les cathédrales cachent d'inconcevables secrets, où des personnages étranges ont découvert comment vivre mille ans et où les initiés connaissent les quatre vérités…

Je voudrais revenir rapidement à la raison pour laquelle j'ai examiné (brièvement) l'erreur alchimique, mais pas l'erreur astrologique, dans cette étude des erreurs scientifiques. C'est que, justement, l'alchimie est née au sein de la science, elle est une déviation de la science, alors que l'astrologie trouve sa source dans une ambiance intellectuelle où l'idée même de science est encore totalement inexistante. Dès que les Sumériens ont créé leurs dieux en contemplant le ciel nocturne, impressionnés par le spectacle des astres, dès qu'ils ont admis que les dieux-astres ont tout pouvoir sur le destin des hommes, l'idée de l'astrologie était inévitable, je dirais même, paradoxalement, qu'elle était « logique ». Mais il ne s'agit en rien de science ! L'idée fondamentale de l'alchimie, par contre, apparaît dans un contexte vraiment « scientifique ». Les premiers alchimistes connaissent les efforts des philosophes pour comprendre le monde en dehors des traditions mythologiques, ils observent les métaux et leurs transformations dans l'esprit de Platon et d'Aristote. Il était fatal qu'ils fassent la même erreur, celle du rationalisme trop optimiste. On peut clairement faire un parallèle entre l'erreur élément-polyèdre et l'erreur métal-planète. Il y a des éléments d'un côté et des polyèdres de l'autre. Il doit y avoir une correspondance « cachée »... Il y a des métaux d'un côté et des planètes de l'autre. Là aussi, une correspondance est à découvrir...

L'astrologie est une divagation de l'esprit humain. Elle ne sera d'ailleurs pas présente exclusivement chez les Sumériens ! L'alchimie est un dysfonctionnement de l'esprit scientifique.

Les trois principes

J'ai déjà dit que le Moyen Âge ne fut pas scientifique. L'innovation de Thalès – le rejet des traditions – va permettre à la science grecque de se développer, mais le développement sera limité, les principaux acquis durables ne se faisant qu'en arithmétique, en géométrie et en astronomie. La médecine grecque, malgré son souci de rationalité, n'a que très peu de vraies découvertes à son actif. La physique grecque, bien qu'également soucieuse de rationalité, divague entre les quatre éléments, les atomes (purement hypothétiques) ou les cinq polyèdres. La chimie grecque n'existe que sous la forme, entièrement fausse dans ses idées de base, de l'alchimie. La botanique et la zoologie grecques ne sont que la description superficielle des plantes et des animaux utiles (alimentation, médicaments...) ou spectaculaires.

Bref, la science grecque, au moment où les Romains vont en recevoir l'héritage, est à la fois considérable (l'idée même de science) et dérisoire. Sur la constitution intime de la substance du monde, sur les lois du mouvement, sur les positions des étoiles et des planètes, sur la nature de la lumière ou de la chaleur, sur les relations entre les animaux et les plantes, sur le fonctionnement du corps humain (la santé) et sur ses dysfonctionnements (les maladies), on ne sait RIEN. Il est vrai que les « Barbares » en savaient encore moins, si c'est possible !

Bien. Donc, au début de l'Empire romain, le savoir grec, à la fois prestigieux et fort limité, est traduit en latin, par des hommes comme Vitruve (mort vers 20 avant Jésus-Christ) ou Pline l'Ancien (23-79). En même temps, l'immensité géographique de l'Empire, en contact avec la Grande-Bretagne à l'Ouest et la vallée de l'Indus à l'Est, entraîne la rencontre d'innombrables courants de pensée archaïque, venus de tous les horizons mais surtout d'Orient : brahmanisme et bouddhisme des Indiens, mazdéisme, zoroastrisme et mithraïsme des Perses, astrologie des Chaldéens, culte d'Isis et Osiris des Égyptiens, culte de Cybèle des Phrygiens, mystères d'Eleusis des Grecs, orphisme des Thraces, judaïsme et christianisme des Juifs, etc.

Ces courants seront plus forts que la rationalité et la plupart des penseurs s'en remettront à l'une ou l'autre tradition. On sait que, en Europe, dans ce qui reste de l'Empire romain, ce sera la tradition chrétienne qui l'emportera.

Plus la moindre science – au sens que nous avons dit – jusqu'en 1543 ou à peu près. Pas de science et donc pas d'erreur au sein de la science, ce qui fait que nous pouvons allègrement passer de la fin de l'Antiquité à la fin du Moyen Âge.

En fait, la date de 1543 est évidemment conventionnelle. La science n'est pas née (ou plus exactement re-née) subitement, le soir du 20 mai 1543, jour de la sortie de presse d'un petit livre d'un astronome polonais, Nicolas Copernic (1473-1543), publié à Nuremberg, et intitulé *De revolutionibus orbium coelestium* (De la révolution des orbes célestes). Ce livre expose une idée vraiment révolutionnaire, que l'on va appeler l'héliocentrisme. Ce n'est pas la Terre qui est au centre du monde (ce qui est proposé par le géocentrisme), mais c'est le Soleil. Et la Terre n'est qu'une planète tournant autour du Soleil, en même temps que, dans l'ordre d'éloignement par rapport à l'astre que les Grecs appelaient *Hélios*, Mercure, Vénus, Mars, Jupiter, Saturne.

Vraiment, la théorie de Copernic aura un immense retentissement, elle va rencontrer la farouche opposition de l'Église catholique romaine, et elle marque l'avènement de la science vraiment « moderne ».

Il ne s'agit pas d'erreur, bien au contraire, mais il est utile de s'arrêter quelques instants en ce milieu du XVIe siècle, car c'est vraiment un moment décisif dans l'histoire des hommes.

J'ai dit que la science est née avec Thalès de Milet. Mais j'ai aussi dit que cette science antique est encore bien fragile – comme je l'ai montré, je crois, avec les formidables erreurs de Platon et d'Hippocrate ou avec les extravagances de l'alchimie.

En fait, la science des Grecs était fondamentalement incomplète. Elle était basée sur l'observation et sur le raisonnement, qui est le rejet des traditions. Observation et raisonnement sont deux ingrédients absolument indispensables de toute démarche scientifique. Mais ce n'est pas suffisant ! Si le chercheur se borne à quelques observations et s'il en déduit, par le raisonnement, des conclusions, celles-ci risquent d'être totalement erronées. Thalès observe qu'une unité – par exemple la graine d'une plante – peut donner une multiplicité – des feuilles, des fleurs, des fruits… Bien observé ! Il en conclut que *toute la multiplicité du monde doit s'expliquer par un principe unique*. Raisonnement rapide, vraiment trop rapide…

À la fin du Moyen Âge, ce qui manquait à la recherche scientifique va apparaître : l'instrumentation. Les instruments vont révolutionner, le mot n'est pas trop fort, les possibilités de l'observation. C'est ce qui a presque totalement manqué aux Grecs. Un instrument permet deux choses, toutes deux essentielles. D'une part, il permet d'observer ce qui est inobservable avec les sens « nus ». D'autre part, il permet de quantifier l'observation, c'est-à-dire de faire une « mesure », d'obtenir un nombre.

Quel était l'instrument de Copernic ? Un simple « goniomètre », c'est-à-dire ce que les dessinateurs appellent aujourd'hui un rapporteur, permettant de mesurer l'angle qui sépare deux astres. De tels goniomètres étaient déjà utilisés pendant l'Antiquité grecque. Mais le goniomètre de Copernic n'est pas un petit objet que l'on tient en main, c'est un quart de cercle très grand, dessiné sur un mur. Si bien que l'on peut mesurer les angles avec une bien plus grande précision et que l'on peut percevoir des différences que l'on ne soupçonne pas avec un instrument de mesure trop petit.

La Renaissance verra ainsi apparaître toutes sortes d'instruments qui vont littéralement repousser l'horizon des observations. Bientôt, il y aura des télescopes, permettant de voir des étoiles invisibles à l'œil nu, et des microscopes, permettant de découvrir des êtres vivants imperceptibles par l'observation ordinaire. Des thermomètres permettront d'apprécier le très chaud ou le très froid, que le sens du toucher ne peut pas discriminer. Des baromètres permettront d'observer les modifications de la pression atmosphérique, phénomène tout à fait imperceptible par les sens…

Donc, non seulement on commence à percevoir ce qui était irrémédiablement imperceptible, mais on obtient des nombres – des angles entre les étoiles, des températures, des pressions de l'air… La science est enfin en possession de tous ses moyens : l'observation usuelle ou instrumentée, le raisonnement, le calcul, puisque avec des nombres résultant de l'observation on pourra établir des équations, des lois et donc des prévisions mathématiques… En somme, l'instrumentation d'un côté prolonge l'observation et d'un autre côté prolonge le raisonnement, car le raisonnement purement « qualitatif » des Anciens est maintenant remplacé par le raisonnement « mathématisé » des Modernes, beaucoup plus puissant.

Je pense qu'il est très important de comprendre que la science, la science telle qu'on la pratique aujourd'hui dans tous les « centres de recherche » du monde, est née en deux temps. D'abord, au VIe siècle avant Jésus-Christ, la science naissante résulte de la combinaison de l'observation et du raisonnement – ce qui ne pouvait guère aboutir qu'aux découvertes des géomètres. Ensuite, au XVIe siècle, l'ajout de l'instrument, c'est-à-dire à la fois l'observation prolongée et la mathématisation, va permettre la naissance de la physique, de la chimie, de la biologie…

Eh bien, Copernic a accompli une œuvre remarquable et décisive. Il ne fut cependant pas à l'abri de l'erreur. Il a compris que l'on pouvait mieux expliquer les mouvements des planètes avec le Soleil au centre du monde, plutôt que la Terre. C'est très bien. Mais il a voulu que les planètes tournent sur des cercles, car il n'a pas pu se résoudre à abandonner la tradition, léguée par les Grecs (Aristote avait spécialement insisté sur ce point), consistant à admettre que le mouvement « parfait » est le mouvement circulaire. Cette idée de la perfection du cercle est d'ordre esthétique, basée sur la symétrie, c'est-à-dire l'équilibre. Dans un cercle, tous les points sont à la même distance d'un centre. Ce sera Johannes Kepler (1571-1630), un astronome allemand, qui montrera que les orbites planétaires sont en réalité elliptiques.

Mais n'allons pas trop vite.

Avant Copernic, mais dans la même ambiance de rénovation de la Renaissance, un autre personnage bouleverse tout à la fois la médecine et l'alchimie. Il était Suisse, de langue allemande et s'appelait Philippe Auréole Théophraste Bombast von Hohenheim, ce qui est un peu long, et il se faisait appeler Paracelse (1494-1541), ce qui est beaucoup plus court. On lui doit essentiellement trois idées, deux bonnes et une mauvaise.

La première bonne idée, qui date pense-t-on de 1528, est d'utiliser le terme *Chemy* pour distinguer les recherches sérieuses des travaux fallacieux des alchimistes. En français, on commencera à parler de chymie (plus tard, on utilisera l'orthographe « chimie »), science sérieuse, pour l'opposer à l'alchimie, science illusoire. Paracelse fut un des premiers, et ce n'est pas rien, d'une part, à dénoncer les espoirs extravagants des alchimistes mais, d'autre part, à reconnaître que leurs travaux de laboratoire ont permis de mieux connaître certaines propriétés de certaines substances.

La deuxième bonne idée, typique de l'époque, c'est d'introduire les instruments des chimistes en médecine. Depuis la plus haute antiquité, les médecins faisaient appel à des médicaments, essentiellement d'origine végétale. Paracelse ne s'y oppose pas, mais il insiste pour que la médecine fasse également appel aux produits préparés dans les laboratoires des « chymistes ». On peut donc considérer Paracelse comme le fondateur de la chimie au sens actuel du terme et, aussi, comme l'introducteur en thérapeutique de substances préparées à l'aide de méthodes instrumentales.

La troisième idée est nettement moins bonne. C'est une erreur typique, comme celles que nous avons déjà rencontrées, due à un raisonnement trop rapide.

Paracelse constate qu'en brûlant un morceau de bois, il se forme une cendre, qu'il se dégage de la chaleur et qu'il se forme de la fumée. D'où l'idée d'une trinité fondamentale de toute substance. Toute matière contient donc 1° un principe de salinité, ce qui explique la cendre – principe que Paracelse identifie au sel, 2° un principe de combustibilité – le soufre et 3° un principe de volatilité – le mercure. La théorie des trois principes paracelsiens – sel, soufre, mercure – entrera donc en concurrence avec la vénérable théorie des quatre éléments d'Empédocle-Platon-Aristote. Mais elle n'est pas mieux fondée.

On voit, avec l'erreur de Paracelse, à quel point il est difficile de passer de l'esprit pré-scientifique à l'esprit scientifique. Paracelse, en tenant compte des phénomènes de combustion, d'ailleurs convenablement observés, construit son raisonnement sur une base plus large que l'ont fait Thalès ou Platon. Mais il va trop vite pour en tirer des idées générales. D'accord, la combustion révèle trois principes dans le bois et dans les autres combustibles. Mais pourquoi en déduire qu'il y a trois principes *dans toutes choses* ? En outre, Paracelse va refaire le même raisonnement hâtif qu'Hippocrate. Celui-ci avait déduit les quatre humeurs des quatre éléments. Paracelse déduira aussi des rapports (parfaitement illusoires) entre les diverses maladies et les trois principes.

Les cinq polyèdres, encore...

En 1596, l'astronome allemand Johannes Kepler, que nous avons brièvement rencontré, il n'a que vingt-cinq ans, publie, chez Georg Gruppenbach, à Tubingen, un *Prodromus dissertationum cosmographi-carum, continens mysterium cosmographicum*. L'ouvrage est généralement cité sous le titre abrégé de « Mystères cosmographiques » par les historiens francophones.

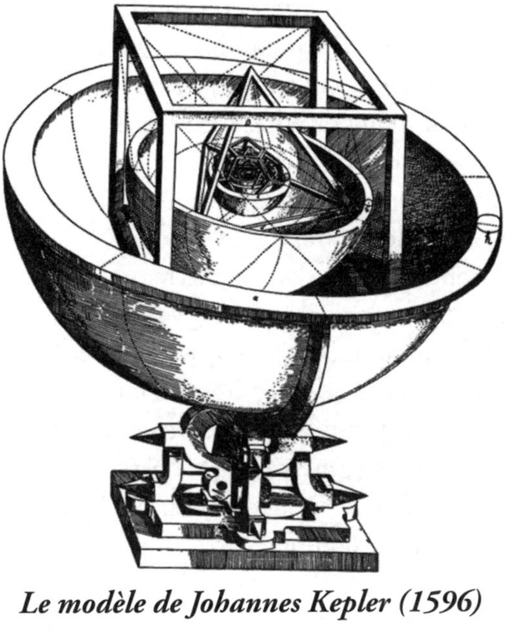

Le modèle de Johannes Kepler (1596)

Voilà encore un de ces ouvrages qui commencent fort bien et qui se terminent fort mal. Kepler adopte résolument le système de Copernic, acceptant donc l'idée que les planètes tournent autour du Soleil. Mais à quelle distance ? L'ordre est connu, je l'ai déjà indiqué, de Mercure, la planète la plus proche du Soleil, à Saturne, la planète la plus lointaine.

Kepler a alors l'idée, sans autre fondement qu'un vague sentiment esthétique, que les planètes doivent décrire des cercles se trouvant sur des sphères, centrées sur le Soleil, telles que chacune de ces sphères soit circonscrite à… un polyèdre platonicien ! On se demande bien pourquoi. L'idée qu'il doit exister des régularités et même des harmonies dans la nature n'est certainement pas sotte. Il ne faut pas être un grand savant pour admirer les régularités des fleurs ou des coquillages. Mais l'idée de trouver ce genre de régularités dans la géométrie est plutôt naïve. On peut dire, si on considère que l'histoire des idées représente le vieillissement de l'esprit humain, que Kepler (à 25 ans) est encore le contemporain de Platon. Impressionné par l'existence de cinq polyèdres réguliers, bourrés de symétries, il pense que les planètes doivent se distribuer dans l'Univers selon ces figures, de même que Platon croyait que les éléments devaient aussi en dépendre.

Kepler propose, donc, dans son livre que l'orbite de Saturne se trouve sur un cercle englobant un vaste cube, que l'orbite de Jupiter englobe un tétraèdre, que la trajectoire de Mars entoure un dodécaèdre, que celle de la Terre contient un icosaèdre et que celle de Vénus encadre un octaèdre. Mercure est alors située sur une sixième sphère, inscrite dans l'octaèdre…

De tout cela, il ne reste rien, sinon quelques beaux dessins comme savaient en produire les artistes de la Renaissance.

Mais ne quittons pas Kepler avec l'impression qu'il s'agissait d'un homme encore tout pénétré du mysticisme de la pensée pré-scientifique. Certes, il a commencé à réfléchir à la position des planètes, à la structure du cosmos, avec des idées préconçues d'harmonie et de « beauté mathématique ». Mais il va se reprendre.

En 1600 – il a maintenant vingt-neuf ans et il commence à se rendre compte que la recherche des sphères est illusoire – il rencontre, à Prague, un collègue plus âgé, l'astronome danois Tycho Brahé (1546-1601).

Brahé était un savant connu. Il était le mathématicien impérial de Rodolphe II de Habsbourg, empereur du Saint-Empire, roi de Bohême et de Hongrie. Il avait fait des observations astronomiques extrêmement précises, bénéficiant des améliorations des techniques d'observation depuis Copernic, et il va fournir ses tables de position des planètes à son jeune collègue Kepler. Tycho Brahé meurt l'année suivante, en 1601, donc, le 24 octobre, et Johannes Kepler, qui était devenu son assistant, est nommé mathématicien impérial le 26 octobre 1601.

Je ne vais pas détailler toute la biographie de Kepler, mais il faut savoir qu'il va étudier très minutieusement les données d'observation accumulées par Brahé, et qu'il pourra en tirer des lois mathématiques pour décrire les mouvements planétaires. La première de ces lois est à la fois très simple et totalement révolutionnaire : les planètes parcourent, autour du Soleil, une trajectoire qui n'est pas circulaire, mais qui est elliptique. Ce qui était devenu un véritable dogme depuis Platon et Aristote, que les planètes doivent forcément parcourir des cercles, puisque les cercles sont des figures « parfaites » (tous leurs points ne sont-ils pas à la même distance du centre), est combattu par Kepler, celui-là même qui avait commencé sa carrière avec cette idée typiquement antique des cinq polyèdres réguliers…

Depuis Kepler, des centaines d'astronomes ont pu, grâce à une instrumentation de plus en plus perfectionnée et donc de plus en plus précise, vérifier que les orbites planétaires sont bien des ellipses. Même les planètes découvertes après Kepler, Uranus (découverte en 1781), Neptune (1846), Pluton (1930) ont une trajectoire elliptique. Kepler a peut-être commis une erreur de jeunesse, mais il s'est bien rattrapé ! Il va d'ailleurs énoncer deux autres lois du mouvement planétaire, qui seront également vérifiées, et qui seront à la base de la fameuse théorie de la gravitation universelle de Newton, qui sera énoncée en 1687.

Il y a des erreurs fécondes. Du moins, en science…

La transfusion sanguine

Avant de parler d'une nouvelle erreur scientifique, situons rapidement une très grande découverte. Cela se passe à Londres, en 1628. Il s'y trouve un médecin, William Harvey (1578-1657), qui vient de publier un livre qui eut un grand retentissement dans le corps médical. D'abord, parce que Harvey n'était pas un médecin quelconque. Il avait été le médecin personnel de Jacques Ier, qui fut roi d'Angleterre de 1603 à 1625, et il était le médecin de Charles Ier, qui sera roi de 1625 à 1649 (il sera décapité par les révolutionnaires). Ensuite (à notre point de vue, c'est plus important) parce que le livre proposait une idée tout à fait nouvelle. Évidemment rédigé en latin, l'ouvrage, publié chez Wilhelm Fitzer, à Francfort, avait pour titre *Exercitatio*

anatomica de motu cordis et sanguinis in animalibus, ce que je traduis approximativement par « Exercice anatomique sur le mouvement du cœur et du sang chez les animaux ».

Harvey est un anatomiste. Il a disséqué. Beaucoup. Et bien. Il a vu correctement que le sang, chez l'homme et chez les animaux, circule dans les artères et dans les veines, entraîné dans ce mouvement par les contractions du cœur. Vraiment, ce n'est pas une petite découverte. C'est une étape tout à fait décisive dans la compréhension du fonctionnement du corps animal.

Mais ni Galien ni Hippocrate, les deux grands médecins de l'Antiquité grecque, n'ont parlé de la circulation sanguine ! Il se trouvera donc, en 1628 et encore pendant quelques dizaines d'années, des médecins dûment formés par les textes hippocratiques et galéniques, pour affirmer que la théorie de Harvey est tout à fait fausse. Voilà une erreur, une erreur magistrale : s'opposer à une découverte pourtant convenablement démontrée, faire passer l'autorité des Anciens avant les vérifications de l'expérience ! La communauté médicale, en Angleterre et ailleurs en Europe où la médecine est basée sur l'étude des traités d'Hippocrate et de Galien, va se diviser en « circulateurs » et « anti-circulateurs ».

Mais, en fait, ce n'est pas de l'erreur des anti-circulateurs que je voulais vous entretenir, erreur somme toute bien banale. Chaque fois qu'une idée nouvelle paraît, et pas uniquement en anatomie et en médecine, il y a ceux qui sont pour et ceux qui sont contre. L'erreur qui m'occupe maintenant est plus intéressante et elle est une conséquence de la découverte de William Harvey.

Cela se passe toujours en Angleterre, mais une quarantaine d'années plus tard, en 1664.

Un médecin, Richard Lower (1631-1691), a une idée. Voici comment on peut la résumer. Un homme malade est un homme dont le sang est vicié. C'est une conception tout à fait dans la ligne des idées d'Hippocrate. Il est donc possible de guérir un homme malade en remplaçant son sang par celui d'un homme sain. Il me paraît évident que les découvertes de Harvey ont joué un certain rôle dans les réflexions de Lower. Toujours est-il qu'en mai 1665, Richard Lower entreprend une grande expérience. Il transfère du sang d'un chien dans un autre. L'expérience échoue, le résultat étant la mort des animaux. Mais Lower ne se décourage pas. En bon médecin, il sait que les organismes vivants ne sont pas de simples récipients que l'on peut remplir ou vider comme des bouteilles et il se doute bien que la transfusion sanguine ne peut réussir que si elle est menée avec grand soin. Il recommence en février 1666. Cette fois, l'animal récepteur n'est pas affecté par l'opération. Mais le chien donneur succombe à l'hémorragie. Un demi-échec étant un demi-succès, Lower n'abandonne pas son idée. Il réfléchit aux moyens nécessaires pour réaliser la transfusion le mieux possible.

Le 23 novembre 1667, devant la Royal Society, il ose entreprendre l'expérience sur un sujet humain. Il fait donc passer du sang d'un mouton dans un homme ! Et tout se passe bien ! L'homme résiste au traitement. Lower ne poursuivra cependant pas ses expériences, car il ne trouve pas facilement des candidats à la transfusion. Et surtout parce que des oppositions vont surgir, soit du point de vue strictement médical, soit d'un point de vue religieux. La question est mal documentée et on ne connaît que fort mal l'histoire exacte des premières transfusions.

À vrai dire, si l'Anglais Lower a réalisé la première transfusion sanguine de l'histoire, il semble que ce soit le Français Jean-Baptiste Denis (1643-1704) qui aurait effectué la première transfusion sur un homme.

Ouvrons le volume 55 du *Dictionaire* (sic) *des sciences médicales, par une société de médecins et de chirurgiens*, publié chez C.L.F. Panckoucke, à Paris, en 1821, à l'article « Transfusion », page 484. Nous y apprenons d'abord que le terme vient du latin *transfusio*, qui dérive du verbe *transfundere*, transvaser, verser d'un vase dans un autre. C'est, nous apprend la société de médecins, « l'action de faire passer le sang du corps d'un animal dans celui d'un autre ; opération contraire aux principes de la saine physiologie et défendue par l'autorité publique sous les peines les plus rigoureuses ».

L'article nous dit encore : « Cette opération fit beaucoup de bruit dans le monde médical vers le milieu du 17e siècle, depuis les années 1664 et suivantes jusqu'en 1668 ; sa célébrité commença en Angleterre. »

Je ne vais pas transfuser du *Dictionaire* dans mon livre toute la substance de l'article, qui est fort copieux, mais le passage suivant me paraît encore très intéressant.

« La transfusion ne fut essayée en France qu'en 1666 ; Denis et Emmerets furent les premiers qui la pratiquèrent à Paris ; elle excita d'abord dans cette ville de grandes rumeurs, devint un sujet de discorde parmi les médecins, et la première matière de leurs entretiens et de leurs écrits ; il se forma à l'instant deux partis opposés, dont l'un était contraire et l'autre favorable à cette opération ; les uns prétendaient que c'était un remède universel ; les autres démontraient que cette méthode était inutile, quelquefois dangereuse, et même mortelle. Bientôt on fit des expériences dont chacun, suivant son opinion, déguisa les résultats. Enfin, les esprits aigris par la dispute finirent par s'injurier réciproquement. Le verbeux Lamartinière, l'athlète des anti-transfuseurs, écrivait aux ministres, aux magistrats, à des prêtres, à des dames, à tout l'univers que la transfusion était une opération barbare *sortie de la boutique de Satan*, que ceux qui l'exerçaient étaient des bourreaux qui méritaient d'être renvoyés parmi les cannibales les Topinamboux, etc., que Denis entre autres surpassait en extravagance tous ceux qu'il avait connus, et il lui reprochait d'avoir fait jouer des marionnettes à la foire ; d'un autre côté, Denis, à la tête des transfuseurs, appelait *jaloux*, *envieux*, *faquins*, ceux qui pensaient autrement que lui, et traitait Lamartinière de misérable arracheur de dents et d'opérateur du Pont-Neuf.

La cour et la ville prirent bientôt parti dans cette querelle, et cette question, devenue la nouvelle du jour, fut agitée dans les cercles avec autant de feu, avec aussi peu de bon sens que dans les écoles de l'art et dans les cabinets des savans ; la dispute commença à tomber vers la fin de l'année 1668 par les mauvais effets mieux connus de la transfusion et à la suite d'une sentence rendue au Châtelet, le 17 avril 1668, qui défendait sous peine de prison de faire la transfusion sur aucun corps humain, que la proposition n'ait été reçue et approuvée par les médecins de la faculté de Paris, et cette illustre compagnie ayant gardé le silence sur cette question, elle tomba dans l'oubli qu'elle méritait. »

L'article expose ensuite ce que l'on sait de l'historique de la transfusion, non sans insister sur le fait que les historiens sont peu d'accord sur l'origine de l'opération. Il signale que le premier transfuseur fut Denis, et que Lower l'imita. Ce n'est pas impossible, mais je crois plutôt que c'est l'inverse. Voici encore quelques passages bien intéressants du *Dictionaire* de 1821.

« Denis fit ses premières expériences sur des animaux de même espèce d'abord, puis sur d'autres de différentes espèces. Avant que d'appliquer la transfusion aux hommes, il publia ses expériences pour connaître l'avis des savans (...).

Voici le procédé opératoire : les instrumens nécessaires sont, deux petits tuyaux d'argent, d'ivoire ou de toute autre substance, recourbés par l'extrémité dans les veines ou artères des animaux qui servent à la transfusion, et sur qui on la fait ; par l'autre bout, ces tuyaux sont faits de façon à pouvoir s'adapter avec justesse et facilité. Peu en peine de faire souffrir les animaux qui doivent fournir le sang qu'on veut transfuser aux hommes, le chirurgien prépare commodément leur artère, il la découvre par une incision longitudinale de deux ou trois pouces, la sépare des tégumens, et la lie dans deux endroits distans d'un pouce, ayant attention que la ligature qui est du côté du cœur puisse facilement se défaire ; ensuite il ouvre l'artère entre les deux ligatures, y introduit un des tuyaux, et l'y tient fermement attaché ; l'animal ainsi préparé, le chirurgien ouvre la veine du malade (il choisit ordinairement une de celles du bras), laisse couler le sang autant que le médecin le juge à propos, ensuite ôte la ligature que l'on met, selon l'usage, pour saigner audessus de l'ouverture et la met audessous ; il fait entrer son second tuyau dans cette veine, l'adapte ensuite à celui qui est placé dans l'artère de l'animal, et enlève la ligature qui arrêtait le mouvement du sang (...).

La première expérience se fit, le 15 juin 1667, sur un jeune homme âgé de quinze ou seize ans, qui, après plusieurs saignées, était languissant ; sa mémoire, auparavant heureuse, était presque entièrement perdue, et son corps était pesant, engourdi. Après la première transfusion, le malade fut parfaitement guéri, ayant l'esprit gai, le corps léger et la mémoire bonne, suivant le rapport de Denis ; mais l'observation la plus remarquable, celle qui a fait le plus de bruit, soit dans Paris, soit dans les pays étrangers, et qui a été cause que les magistrats ont défendu la transfusion, a pour sujet un fou, qu'on a soumis plusieurs fois à cette opération, et qui en a été parfaitement guéri suivant les uns, et que les autres assurent en être mort. »

D'après une autre source, l'opération sur un homme atteint de folie aurait été effectuée par Denis en décembre 1667, l'animal donneur étant un veau.

Pendant de longues années, les médecins n'oseront plus envisager de procéder à des transfusions sanguines.

On voit l'erreur et même la double erreur. Première erreur : penser que du sang sain peut remplacer du sang vicié. Nous savons aujourd'hui que c'est un leurre, mais nous savons par contre qu'il est possible de remplacer du sang perdu – par hémorragie ou à la suite d'une opération chirurgicale – par du sang venant d'un donneur.

Deuxième erreur : vouloir réaliser une opération médicale avec des connaissances insuffisantes. Mais cela, on ne peut pas le reprocher à Richard Lower ou à Jean-Baptise Denis. Au XVIIe siècle, les savants n'avaient pas la moindre idée de ce que nous appelons aujourd'hui les groupes sanguins et ignoraient que pour qu'une transfusion sanguine réussisse, il faut qu'il y ait compatibilité entre le sang du donneur et celui du receveur.

Il ne faut pas confondre les erreurs de raisonnement avec les erreurs provenant d'un manque d'information.

J'ajouterai que si Lower a abandonné ses expériences de transfusion, il a poursuivi ses travaux de réflexion sur la circulation sanguine. En 1669, il fera paraître à Londres un traité *Tractatus de corde, item de motu et colore sanguinis et chyli* (Traité du cœur, ainsi que du mouvement et de la couleur du sang et du chyle), qui fait progresser significativement la connaissance de la physiologie cardio-vasculaire par rapport à ce qu'en savait William Harvey.

Les tourbillons de Monsieur Descartes

Si Kepler s'est questionné sur les distances des planètes, René Descartes (1596-1650) s'est demandé pourquoi elles tournent. On pourrait dire que l'on est passé d'une vision « statique » du monde, où l'on s'intéresse aux positions des planètes par rapport au Soleil, à une vision « dynamique » du monde, où l'on se demande quelle est la cause (la force) de ces mouvements planétaires.

Pourquoi, en effet, y a-t-il des choses qui bougent ? Pourquoi la planète Terre tourne-t-elle autour du Soleil ? Pourquoi cette pierre que je tenais en main et que je viens de lâcher tombe-t-elle selon une verticale ?

La réponse des Anciens était fort simple et fut systématisée par Aristote. Pour les corps célestes, qui sont des corps parfaits, leur trajectoire doit être parfaite, et quoi de plus parfait que le mouvement circulaire, symétrique et éternel ? Quant aux corps terrestres, j'y ai déjà fait allusion, il suffit de comprendre que chaque corps, en fonction de sa constitution (les proportions entre eau, air, feu et terre), possède un « lieu naturel » vers lequel il a tendance à se diriger. Le lieu naturel des corps pesants est le centre de la Terre.

Cette double explication – mouvements célestes et mouvements terrestres – fut acceptée et jugée suffisante jusqu'à cette époque où commencent à réfléchir *autrement* des Copernic, des Brahé, des Kepler…

Réfléchir *autrement*. Ce fut l'extraordinaire programme de René Descartes. On ne saurait exagérer l'importance de ce philosophe français, qui fut le véritable non pas fondateur (il ne faut quand même pas délirer !) mais organisateur de la pensée moderne. Son *Discours de la méthode*, qui date de 1637, est justement célèbre. Descartes a apporté en physique (notamment sa théorie de la réfraction de la lumière) et surtout en mathématique des innovations tout à fait décisives, qu'il n'est pas dans mon propos d'étudier ici. Mais il a commis l'erreur de Platon, l'erreur d'Aristote (alors qu'il a férocement dénoncé les erreurs de l'aristotélisme), et qui est l'excès de confiance dans la raison.

Car Descartes, théoricien de la pensée moderne, n'a pas vu, par un curieux aveuglement, ce qui est vraiment constitutif de la pensée moderne. Ce n'est pas l'appel à la raison, qui est déjà la grande acquisition de Thalès de Milet, comme nous l'avons vu. Ce qui fait la différence entre la pensée pré-scientifique des Grecs (et de leurs continuateurs du Moyen Âge) et la pensée scientifique des Modernes, c'est l'instrumentation ou, si on veut, la collaboration entre le rationalisme (le raisonnement) et l'empirisme (l'observation améliorée par des instruments de plus en plus perfectionnés). Descartes est totalement passé à côté de l'importance décisive de l'instrumentation. Il n'a pas vu que ce qui distingue Copernic de Ptolémée, Kepler d'Hipparque, Galilée d'Aristote, ce n'est pas le raisonnement, mais l'instrument, le quadrant gradué de grande dimension de Copernic, la lunette de Galilée…

Et donc, ce qui devait arriver arriva. Au lieu de consulter les tables des astronomes, en train de devenir de plus en plus précises avec l'amélioration constante des instruments, Descartes se fie à ses raisonnements. Il sait que de menus objets sont souvent entraînés dans les mouvements tourbillonnaires des eaux d'une rivière rapide ou d'une chute. Il a trouvé ! Si les planètes tournent autour du Soleil, c'est parce que l'éther qui remplit l'espace est parcouru par des tourbillons qui entraînent les planètes. Et comme ces tourbillons sont curvilignes, les planètes décrivent des trajectoires courbes.

Descartes est arrivé à ces conclusions assez tôt, conclusions qui admettent le système héliocentrique de Copernic. Mais il sait que le procès de Galilée eut lieu en 1633 et que l'Église catholique romaine a condamné le physicien italien à abjurer son adhésion aux idées coperniciennes, jugées pernicieuses par l'Église. On se demande d'ailleurs pourquoi. Que ce soit la Terre ou le Soleil qui tourne, quelle différence pour ceux qui croient que Dieu a créé le monde, a créé l'homme à sa ressemblance et a promulgué dix commandements ? Mais je n'étudie ici que la pensée scientifique et je ne m'aventurerai pas dans un essai de compréhension de la pensée religieuse, si pensée il y a.

Donc, Descartes n'a pas trop envie de devenir un martyr en soutenant, par ses idées, le système cartésien. Il renonce donc à publier sa théorie des tourbillons.

René Descartes meurt, à Stockholm, d'une pneumonie, le 18 février 1650. On peut se demander ce qu'il était allé faire à Stockholm, ce fut peut-être la grande erreur de sa vie, plus grande encore que l'erreur des tourbillons, mais je ne vais pas entreprendre la biographie de tous les savants et philosophes que nous rencontrons dans ce petit livre…

En 1664, presque quinze ans après la mort du philosophe, son livre *Le monde, ou le traitté* (sic) *de la lumière, & des autres principaux objets des sens* paraît à titre posthume chez Jacques Le Gras, à Paris.

À cette époque, en France, toujours prompte à honorer ses grands hommes (surtout après leur mort), Descartes est considéré comme une espèce de héros de la pensée.

Le pourfendeur de l'aristotélisme universitaire, l'inventeur de l'utilisation de l'algèbre en géométrie, l'auteur de ce délicieux *Discours de la méthode*, dont la valeur littéraire est peut-être plus grande encore que la valeur philosophique, ce qui convient très bien à l'intelligentsia parisienne, est considéré comme un des plus grands penseurs de tous les temps et reconnu comme l'incarnation du génie français. La théorie des tourbillons, exposée dans *Le Monde*, fait fureur. Sa simplicité même est le signe du génie. Tous les savants français, surtout les pseudo-savants, sont immédiatement des défenseurs hardis de la théorie tourbillonnante. Je crois que même les femmes savantes de ce temps furent des adeptes éperdues et passionnées des tourbillons de feu Monsieur Descartes. Je rappelle que c'est en 1672 que Molière – autre grande incarnation du génie français – fait connaître à un public enthousiaste sa comédie *Les femmes savantes*, au théâtre du Palais-Royal. Un des personnages, Armande, y avoue très clairement son approbation de la théorie des tourbillons. Mais j'ai dit que je ne m'intéresserai pas aux religions. Je ne vais pas davantage m'occuper de théâtre.

Revenons donc aux tourbillons. Tout le monde admet que Descartes, le grand Descartes, a trouvé le secret du mouvement des planètes, qu'il a compris le fonctionnement de l'Univers. Les planètes tournent, la Lune tourne, parce que l'éther est parcouru par d'incessants tourbillons. Ainsi soit-il.

Jusqu'en 1687.

Jusqu'à ce terrible jour de 1687, quand un Anglais ose proposer une théorie qui prétend détruire l'idée des tourbillons ! C'est un certain Isaac Newton (1643-1727), que les intellectuels français vont abominer.

En effet, en 1687 Newton publie un gros ouvrage, *Philosophiae naturalis principia mathematica*, dans lequel il explique que, si les planètes tournent autour du Soleil, c'est parce qu'il existe une force d'attraction entre le Soleil et les planètes, et il prétend même que cette force d'attraction, ou de gravitation, est universelle, c'est-à-dire qu'elle existe entre deux corps matériels, quels qu'ils soient !

Je ne vais pas entrer dans une étude comparative de la théorie des tourbillons de Descartes et de la théorie de la gravitation universelle de Newton, mais il est essentiel de comprendre deux ou trois choses. La première, c'est que l'idée de Newton n'est en rien supérieure ou inférieure à l'idée de Descartes. La deuxième chose, c'est que la théorie de Newton est mathématique. La troisième chose, c'est que les Anglais seront newtoniens et donc gravitationistes, quand les Français seront, du moins pendant quelques décennies, cartésiens et donc tourbillonnaires.

Première chose. La gravitation n'est ni meilleure ni moins bonne que le tourbillon. Ce ne sont que des idées, des hypothèses, et qui se valent. Comme l'idée du lieu naturel, chez Aristote. Ce n'est pas la raison, la raison seule, qui peut départager les newtoniens des cartésiens. J'insiste, car c'est vraiment un point essentiel de l'épistémologie, qui est la théorie philosophique de la connaissance : la raison n'est pas toute puissante.

Deuxième chose. La théorie de Newton est mathématique. Celle de Descartes ne l'est pas. C'est maintenant que l'on comprend en quoi l'idée des tourbillons est une erreur, une très grave erreur. Comme hypothèse, rien à redire. Mais Descartes n'a pas eu le souci de vérifier son hypothèse. Il n'a pas élaboré des équations mathématiques permettant aux astronomes de vérifier si les positions observées des planètes correspondent bien aux positions prévues par les calculs. Que l'on comprenne bien ! L'idée de gravitation est aussi « difficile à avaler » que l'idée de tourbillon. Y avez-vous pensé ? Comment peut-on concevoir qu'un objet comme le Soleil influence un autre objet comme Mars ou Jupiter, qui se trouvent à des millions de kilomètres ? C'est, tout simplement, inconcevable. Seulement, Newton fournit une formule mathématique qui permet de calculer cette influence en fonction de la masse du Soleil, de la masse de la planète et de la distance entre l'objet attirant et l'objet attiré. Et Newton montre que cette formule permet de déduire les lois du mouvement planétaire de Kepler. C'est tout autre chose que de dire qu'il y a des tourbillons, sans plus... L'hypothèse de Newton est vérifiable, par les observations des astronomes. Celle de Descartes ne l'est pas.

Descartes a théorisé la pensée scientifique moderne dans un texte admirable. Mais c'est Newton qui a appliqué cette pensée moderne et qui a mis l'Univers en équations. Il faut savoir que ces équations de Newton sont encore utilisées tous les jours par les astronomes, que ces équations sont utilisées tous les jours par les ingénieurs qui envoient dans l'espace des satellites et des sondes allant jusque sur Mars, jusqu'aux environs de Jupiter. Ces milliers d'objets envoyés dans le ciel qui parcourent des trajectoires qui ont été calculées d'avance sont autant de preuves de la vérité de Newton, et de l'erreur de Descartes.

Il y a encore une troisième chose. C'est la réception du système cartésien des tourbillons par de nombreux intellectuels français, d'ailleurs souvent bien incapables de comprendre le langage mathématique de Newton. Il y a l'erreur de Descartes, certes, qui doit nous faire réfléchir. Mais il y a surtout l'acceptation, presque fanatique, de cette erreur par quelques-uns des meilleurs esprits de France. Encore en 1752, alors que la plupart des astronomes français avaient dû se rallier aux idées newtoniennes, le grand Fontenelle (1657-1757) publiait encore une *Théorie des tourbillons cartésiens avec des réflexions sur l'attraction*. Il fut d'ailleurs, en 1686, l'auteur d'*Entretiens sur la pluralité des mondes* qui eurent un grand succès dans la France intellectuelle qui sait faire des phrases mais ne sait pas résoudre des équations, et qui contribuèrent largement à faire connaître les tourbillons de Descartes.

Mais en 1752, il n'y a vraiment plus, en France, que Fontenelle (il a quatre-vingt-quinze ans) pour être cartésien en astronomie.

L'erreur de Descartes sera oubliée.

On retiendra de René Descartes ce qui mérite d'être retenu. Une plume excellente. Quelques avancées en physique. Et surtout cette admirable géométrie utilisant l'algèbre, que l'on appellera « géométrie analytique » à partir de 1779, sur une proposition du mathématicien britannique Samuel Horsley (1733-1806). On aurait pu l'appeler aussi bien « géométrie cartésienne ».

Ces éléments existent-ils ?

Avec les tourbillons de Descartes, avec leur ultime défenseur, Fontenelle, en 1752, nous sommes arrivés au XVIIIe siècle. Nous n'avons pas fait un relevé complet des errements de la pensée scientifique, depuis son apparition en Ionie, au VIe siècle avant l'ère chrétienne. Et nous ne serons pas plus complet pour la suite. Mais il y a encore quelques belles erreurs à signaler et à commenter.

Au fait, qu'est devenue la théorie des quatre éléments ?

Redisons que ce n'est pas cette théorie qui constitue l'erreur que nous avons dénoncée. Au contraire, c'est une théorie très intéressante. Ce qui fut erroné, c'est de croire, comme Platon, que l'on peut *prouver* par le seul raisonnement qu'il y a *forcément* quatre éléments. Et ce qui fut erroné, encore, c'est de penser qu'il doit exister une relation entre ces éléments et les polyèdres réguliers.

Eh bien, au cours de la seconde moitié du XVIIIe siècle, si la théorie des tourbillons passe aux oubliettes, la théorie des quatre éléments est encore vaillante. On a abandonné les spéculations plus métaphysiques que physiques sur les rapports avec les polyèdres, mais il est encore des physiciens et des chimistes pour analyser la matière à l'aide de la conception d'Empédocle, de Platon et d'Aristote. Je trouve dans mes notes qu'en 1782 est publié à Lausanne un ouvrage intitulé *Des éléments, ou essai sur la nature, les propriétés, les effets et les utilités de l'air, de l'eau, du feu et de la terre*, attribué à un certain Jules-Henri Pott.

Je n'ai pas entrepris de recherches pour en savoir plus sur ce livre manifestement en retard sur la science de 1782, mais sa seule mention nous montre que la théorie des quatre principes était encore vivante.

Vivante, mais déjà malade. Car de nombreux naturalistes qui ont étudié, avec les ressources instrumentales toujours améliorées du laboratoire, les substances extraites des animaux, des végétaux et des minéraux, commencent à se demander si vraiment il est possible qu'une telle diversité soit basée sur uniquement quatre principes. Car, en outre, la théorie des trois principes de Paracelse – le sel, le soufre et le mercure – se pose de plus en plus en adversaire de la théorie des quatre. Car, enfin, une autre idée qui remonte à l'Antiquité grecque, celle de l'atomisme, commence à être prise très au sérieux par certains, depuis que Pierre Gassendi (1592-1655) a fait connaître en France la doctrine d'Épicure, qui est basée sur l'atomisme de Démocrite.

C'est Antoine-Laurent de Lavoisier (1743-1794) qui donnera le coup ou plutôt les deux coups de grâce à la théorie vieillie et très mal en point des quatre éléments.

Lavoisier est un fonctionnaire de Louis XVI pendant la semaine et un chimiste le dimanche. On passe ses loisirs comme on veut et quand on est riche – Lavoisier l'était – on peut se permettre des loisirs dispendieux. Car cela coûte très cher de faire de la chimie. Pas pour faire de la chimie comme Platon, c'est-à-dire penser à la composition de la matière. À vrai dire, cela ne coûte rien du tout ! Mais pour faire de la chimie comme les Modernes, c'est-à-dire en montant des expériences, en utilisant des instruments de laboratoire, des instruments très complexes et donc très chers, il faut de l'argent, beaucoup d'argent.

Et des loisirs.

Lavoisier avait des loisirs et de l'argent.

Ce qui lui permet, en 1777, non de penser à la nature de l'air, mais de l'examiner dans son laboratoire, au cours d'expériences nombreuses et soigneusement interprétées. Le résultat est sans appel : l'air est composé de deux gaz, l'oxygène et l'azote. L'air, étant composé, n'est donc pas un élément ! La théorie d'Empédocle-Platon-Aristote s'effondre.

Mais ce n'est pas tout. En 1783, Lavoisier s'intéresse à l'eau. Il ne pense pas abstraitement à sa nature, mais il en fait l'analyse, dans son laboratoire. Il parvient à montrer, d'une manière facilement reproductible par n'importe quel chimiste bien outillé, que l'eau est composée d'oxygène et d'hydrogène. L'eau, étant composée, n'est pas non plus un « élément ». La chimie ancienne est morte. Vive la chimie moderne. Qui sera exposée dans un magistral manuel par Lavoisier, en 1789 : *Traité élémentaire de chimie, présenté dans un ordre nouveau et d'après les découvertes modernes*, publié chez Cuchet, à Paris. C'est incontestablement ce qui a été fait de mieux et de plus durable en cette année 1789.

Bon. Tout cela est bel et bien, mais nous sommes à la recherche des erreurs de la science. Or, avec Lavoisier, nous sommes devant des découvertes vérifiées et d'une importance considérable. La science serait-elle devenue mûre au point de ne plus sombrer dans l'erreur ? La physique de Newton, la chimie de Lavoisier et, aussi, la botanique de Carl von Linné (1707-1778) et la zoologie de Georges-Louis Leclerc de Buffon (1707-1788) vont-elles définitivement immuniser les savants contre l'erreur et l'illusion ? Voyons la suite.

Lavoisier n'a pas fait que l'analyse chimique de l'air et l'analyse de l'eau. Il a obtenu de nombreux résultats, pratiques et théoriques. Le plus important de ses résultats théoriques, c'est peut-être d'avoir accompli une distinction claire entre les corps « simples » et les corps « composés ». Vous allez voir, c'est très facile.

La plupart des corps que l'on rencontre dans la nature peuvent être décomposés, au laboratoire, en divers corps constituants. C'est ce que Lavoisier a fait pour l'air et pour l'eau, et aussi pour bien d'autres substances. Prenons le cas de l'eau. Elle est un corps composé d'oxygène et d'hydrogène, qui sont des gaz, mais ceci n'est pas l'essentiel. Maintenant, en soumettant l'oxygène à toutes sortes d'opérations de laboratoire, Lavoisier ne parvient pas à diviser cet oxygène. C'est un corps simple. Idem pour l'hydrogène, qui semble indécomposable, en tout cas avec les moyens dont Lavoisier dispose dans son laboratoire.

Le vitriol est un corps composé, formé de soufre, d'oxygène et d'hydrogène. La rouille est un corps composé, formé d'oxygène et de fer. La pyrite est un corps composé, formé de soufre et de fer. Mais le fer, le soufre sont des corps simples, comme l'hydrogène et l'oxygène.

On voit que l'idée « rationnelle » d'élément est remplacée par l'idée « empirique » de corps simple. On n'a pas trouvé la nature de la matière en pensant, on l'a trouvée en observant ou, plus exactement, en pensant les résultats des observations !

Dans son *Traité élémentaire de chimie*, Lavoisier dresse le tableau des corps simples qu'il connaît. Il y en a une trentaine : l'azote, le carbone, le phosphore, le cuivre, l'or, l'argent, etc. Lavoisier n'utilise pas le terme « élément » mais, en somme, c'est la même chose. Il précise bien que sa liste est probablement provisoire. D'une part, explique-t-il, il se pourrait bien qu'avec les progrès de l'instrumentation les laboratoires du futur soient capables de décomposer des corps actuellement considérés comme simples. Ce n'est pas une erreur. Assez rapidement, ses successeurs décomposeront en effet certains corps « simples » énumérés par Lavoisier. D'autre part, explique-t-il encore, il y a de fortes raisons de supposer que certains corps simples n'ont pas encore été découverts, car n'existant dans la nature qu'au sein de minéraux relativement rares.

D'où la recherche de nouveaux corps simples, la recherche de nouveaux éléments.

C'est en principe très simple. On amène au laboratoire un minéral peu connu. On le soumet à l'action de certains acides ou on le chauffe ou on lui fait subir d'autres manipulations et on examine ce qui se forme. Si on obtient une substance inconnue, dont les propriétés n'ont jamais été rencontrées, c'est que l'on a découvert un nouvel élément !

Ainsi, dès 1795, le chimiste allemand Martin H. Klaproth (1743-1817) découvre le titane dans un minéral, le rutile.

En 1797, le nouvel élément chrome est découvert par le Français Louis Nicolas Vauquelin (1763-1829), dans le plomb rouge de Sibérie.

En 1798, le nouvel élément tellure est isolé par Martin H. Klaproth.

Je suis sûr que vous avez déjà compris ! On va découvrir de nouveaux éléments, mais parfois on va se tromper. On va isoler, dans un laboratoire, un élément en croyant qu'il est nouveau, alors qu'un autre chimiste l'avait déjà dûment découvert. Ou on va découvrir une substance inconnue, pensant qu'il s'agit d'un élément nouveau, alors qu'il ne s'agit que d'une combinaison d'éléments dont on ne se rend pas compte du caractère « composé ». Et en effet, c'était prévisible. Il y aura de nombreuses fausses découvertes, et on se doute qu'il y aura aussi quelques disputes de paternité. C'est moi qui ai découvert cet élément le premier ! Non, c'est moi !...

Je n'ai pas établi la liste complète de toutes ces découvertes fausses, toujours faites de bonne foi et bien excusables souvent, car il n'est pas facile, au XIXe siècle, de se tenir au courant de tout ce qui se passe dans des laboratoires de chimie de plus en plus nombreux. Il faut d'ailleurs dire qu'il n'est pas facile d'établir cette liste d'erreurs, car les hommes de science, dans leurs publications, signalent plus volontiers les succès que les échecs.

Tiens, déjà le chrome. J'en ai attribué la découverte à Vauquelin, en 1797. Mais la même année, Klaproth l'isole aussi. Très difficile de dire qui fut le premier.

Voici donc une liste bien incomplète d'erreurs.

En 1812, le chimiste britannique Thomas Thomson (1773-1852) découvre le nouvel élément junonium. Qui n'existe pas…

En 1841, le Suédois Carl Mosander (1797-1858) découvre l'élément didyme, dans une substance minérale qu'il appelle « lanthana ». Mais on se rendra compte (beaucoup plus tard, en 1885) que le soi-disant nouveau corps simple est en fait un mélange de deux éléments, le praséodyme et le néodyme.

En 1844, l'Allemand Heinrich Rose (1795-1874) prévoit l'existence d'un nouvel élément, qu'il baptise, un peu vite, pélopium, qui devrait se trouver dans un minéral assez rare, la colombite. Il suppose aussi l'existence d'un deuxième élément dans ce minéral, le niobium. Ces noms sont basés sur ceux de Pélops et de Niobé, le fils et la fille de Tantale, ce roi condamné à subir dans les enfers un supplice célèbre, selon la mythologie grecque. Mais on pourra établir que le pélopium n'est en rien différent du niobium !

En 1851, c'est C. Bergemann qui croit découvrir un nouvel élément, le donarium, dans un minéral de Norvège. On constatera que ce n'est rien d'autre que le thorium, un métal déjà connu, découvert en 1828.

En 1862, J.F. Bahr découvre l'élément wasium, dans le minéral wasite trouvé près de Stockholm. Fausse découverte, à nouveau. Ce n'est aussi que du thorium.

En 1864, William Huggins (1824-1910), un astronome britannique, étudie le spectre d'une nébuleuse. L'étude des spectres, la spectroscopie, était en plein développement. Il s'agissait d'une méthode toute nouvelle d'analyse chimique, d'une méthode presque fantastique. En examinant, au travers d'un spectroscope, la lumière émise par un corps lumineux, on peut déterminer les éléments dont ce corps est formé ! Cela permettait d'établir la composition chimique des étoiles et des objets astronomiques comme les nébuleuses. C'est ainsi que l'on avait, grâce à ce nouvel instrument qu'était le spectroscope, déterminé que les étoiles contiennent de l'hydrogène.

Eh bien, donc, Huggins étudie systématiquement les spectres des lumières émises par les nébuleuses. Et il observe des raies, dans ces spectres, qui lui paraissent indiquer de manière irréfutable l'existence d'un élément inconnu sur terre, et qu'il baptise le nébulium. Il faudra attendre l'année 1928 pour que l'on démontre que les raies du nébulium sont en réalité produites par de l'oxygène. Bref, les nébuleuses contiennent de l'oxygène. Et le nébulium… n'existe pas !

En 1869, c'est Charles A. Young (1834-1908), un astronome américain, qui fait une découverte analogue, grâce au spectroscope. Dans le spectre de la lumière émise par la couronne solaire, il découvre des raies jamais observées sur terre, qu'il attribue à un nouvel élément qu'il baptise coronium. C'est en 1931 que l'on se rendra compte que les raies de ce soi-disant coronium sont émises par l'oxygène. Comme le nébulium, le coronium n'existe pas !

L'année 1878 fut fertile en découvertes de nouveaux éléments. Malheureusement, d'éléments qui n'existent pas !

John Lawrence Smith (1818-1883), un chimiste américain, découvre l'élément mosandrum dans la samarskite de la

Caroline du Nord. Mais ce n'est que du terbium, un élément connu depuis 1843.

Marc Delafontaine (1837-1911), un chimiste suisse, découvre, lui, deux nouveaux éléments, le philippium et le décipium.

Malheureusement, on établira que le philippium n'est rien d'autre que l'holmium, découvert vers la même époque par le Suédois Per Teodor Cleve (1840-1905). Malheureusement encore, on établira aussi que le décipium est identique au samarium découvert par le Français Paul Émile Lecoq de Boisbaudran (1838-1912).

En 1905, Carl Auer von Welsbach (1858-1929), un Autrichien, découvre l'élément aldebaranium. Mais ce n'est que de l'ytterbium, élément déjà découvert par le Suisse Jean-Charles Galissard de Marignac (1817-1894) en 1878.

Et ce n'est pas tout. Le 16 janvier 1911, une note paraît dans la très importante revue française *Comptes rendus hebdomadaires des séances de l'Académie des sciences*, pages 141 à 143. Elle est signée par Georges Urbain (1872-1938) et est intitulée : « Sur un nouvel élément qui accompagne le lutécium et le scandium dans les terres de la gadolinite : le celtium ». Urbain annonce donc la découverte d'un nouvel élément, qu'il baptise celtium en l'honneur des Celtes, ancêtres des Français. Détail qui, pour un psychologue, est révélateur. Nous sommes en 1911. La guerre franco-allemande de 1870 n'est pas encore oubliée. Le gallium, un élément qui, lui, existe bel et bien, a été découvert par le Français Lecoq de Boisbaudran en 1875. Son nom dérive de *Gallia*, la Gaule, c'est-à-dire la France. Le germanium, également un élément bien réel, a été découvert par l'Allemand Clemens Alexander Winkler (1838-1904) en 1886. Son nom est forgé sur *Germania*, l'Allemagne. Il faut lire (entre les lignes) les travaux des savants allemands et français de l'époque pour voir à quel point, chez certains (tous n'étaient pas affectés par ce nationalisme étranger à l'esprit scientifique), les soucis patriotiques étaient présents.

Souci patriotique qui n'était d'ailleurs pas nécessairement conscient. Quand on baigne dans une atmosphère nationaliste, même si l'on n'adhère pas aux idées de « grandeur nationale », on n'en subit pas moins l'influence des discours. Je n'accuserai donc pas Georges Urbain de nationalisme mal placé, ce fut d'ailleurs un grand chimiste qui laissa derrière lui une œuvre tout à fait remarquable, mais le fait est qu'il s'est trompé à propos de son élément dédié aux Celtes.

L'histoire devient difficile.

Quand j'ai exposé la théorie (fausse) des quatre éléments chez Platon, au IVe siècle avant notre ère, et même encore deux mille ans plus tard, quand j'ai expliqué la théorie (fausse) des tourbillons chez Descartes, au XVIIe siècle, je n'ai pas dû faire un grand effort pour être compris. Je crois que toute personne capable de lire le français a pu comprendre l'idée de Platon ou celle de Descartes. Certes, la science avait progressé depuis Platon à l'époque de Descartes, mais la technicité des tourbillons n'est pas très profonde. Tout le monde conçoit qu'un fluide qui tourne puisse emporter des objets dans son mouvement giratoire. Mais en 1911, la recherche des éléments chimiques utilise des méthodes de laboratoire extrêmement complexes, dont la compréhension nécessite toute une formation en physique et en chimie. On peut comprendre la théorie des tourbillons de Descartes en quelques minutes. Pour comprendre – ce qui s'appelle vraiment comprendre – les travaux de Georges Urbain, il faut avoir passé quelques mois, à vrai dire même quelques années, dans un laboratoire de chimie.

Il faut d'abord connaître suffisamment de minéralogie pour comprendre comment les chimistes distinguaient les différents minéraux qu'ils étudiaient, le rutile, la samarskite, la gadolinite et bien d'autres. Il faut ensuite savoir avec quels réactifs et suivant quels procédés les chimistes « attaquent » ces minéraux pour en séparer leurs constituants élémentaires. Et il faut comprendre que toutes ces manipulations sont très délicates et que l'on se trompe facilement. Après tout, la comparaison n'est pas si naïve, celui qui a mis les pieds dans une cuisine sait bien qu'il n'est pas si simple de réaliser une mayonnaise ou de réussir une béchamel... Mais ce n'est pas encore tout. Il faut comparer l'élément obtenu, supposé nouveau, avec les éléments connus. Or, en 1911, on en connaissait environ 90. Il faut donc connaître les propriétés de ces 90 éléments : leur densité, leur point de fusion, la couleur de leurs oxydes, de leurs chlorures, la solubilité des différents sels et, surtout, leurs caractéristiques spectrales, c'est-à-dire les longueurs d'onde des différentes raies de leurs spectres. Vous voyez où je veux en venir ? On s'étonne que des savants comme Delafontaine ou Mosander fassent des erreurs, annoncent des découvertes qui sont en fait des erreurs. Mais celui qui connaît un peu de physique et de chimie, celui qui a fait des manipulations de laboratoire, son étonnement est exactement inverse. Comment est-il possible que les savants, à la recherche de nouveaux éléments, se soient trompés si rarement ?

En tout cas, Urbain s'est trompé. Il fait parvenir un échantillon de son celtium à un physicien anglais, Henry Moseley (1887-1915), qui est à l'époque le plus grand spécialiste dans le domaine de la spectroscopie des rayons X. Vous savez, ces rayons que l'on utilise tous les jours dans les hôpitaux pour faire des radiographies. Moseley avait mis au point une méthode d'identification des éléments chimiques basée sur les rayons X.

Eh bien, en juin 1914, le verdict tombe. Le spectre des rayons X du soi-disant celtium ne fournit pas les raies prévues par la théorie. Autrement dit, le celtium n'est pas un élément nouveau. Urbain ne se laisse pas abattre. Il croit en son celtium.

Le 19 février 1923, il fait paraître un article qu'il espère définitif : « Sur le celtium, élément de numéro atomique 72 » dans les *Comptes rendus de l'Académie des sciences*. Mais le 7 avril de la même année, H.M. Hansen et Sven Werner, deux spectroscopistes danois, publient une courte note « *On Urbain's celtium lines* » (Sur les raies du celtium d'Urbain) dans la revue britannique *Nature*. Cette fois, la question est définitivement réglée. Le celtium n'existe pas, comme l'avait déjà prouvé Moseley. Le celtium d'Urbain n'est en effet que du lutécium. Lutécium que, d'ailleurs, Georges Urbain avait découvert en 1907. Il ne s'était donc pas rendu compte que ses deux échantillons, disons A et B, étaient un seul et même élément !

Encore deux fausses découvertes. En 1929, à l'Alabama Polytechnic Institute, Fred C. Allison (1882-1974) découvre, dans des échantillons de pollucite et de lépidolite, un nouvel élément qu'il baptise « virginium ». Il est vrai qu'il est né à Glade Spring, en Virginie. En 1931, il découvre un deuxième élément encore inconnu, dans la monazite, et le nomme « alabamium », en l'honneur évidemment de l'État d'Alabama. Ces intéressantes trouvailles ont été effectuées grâce à une nouvelle méthode spectroscopique, mise au point par Allison, la spectroscopie magnéto-optique. Hélas pour Allison et aussi pour l'État d'Alabama et pour l'État de Virginie, on se rendra bientôt compte que cette méthode spectroscopique n'est nullement capable de confirmer les découvertes. Il n'y a ni virginium ni alabamium.

Notre énumération de fausses découvertes d'éléments chimiques n'est pas complète, mais nous en resterons là, nous ne visons pas à faire le relevé de toutes les erreurs des chercheurs scientifiques. Et puis, il n'y a pas que les chimistes !

Il y a aussi les astronomes.

La loi de Bode

Les astronomes avaient bien progressé, au XVIIe siècle, depuis l'héliocentrisme de Nicolas Copernic.

Ils avaient progressé, mais avaient de plus en plus de soucis car, avec l'amélioration des techniques instrumentales (lunettes et télescopes), ils observaient de plus en plus et de mieux en mieux. En outre, les progrès des mathématiques leur permettaient de faire des calculs de plus en plus rigoureux. Le rêve de Kepler, de décrire l'Univers, n'était pas oublié, loin de là ! Mais on savait qu'il ne fallait pas se laisser emporter par de naïves considérations sur l'harmonie des sphères et des polyèdres.

Au fait, que savait-on, disons en 1772 ?

On savait que le Soleil est une étoile « comme les autres », mais enfin c'est « notre » étoile et, donc, on l'utilisait comme centre de référence. Par rapport au Soleil, les planètes sont situées à des distances de plus en plus grandes, de Mercure à Saturne, et les astronomes utilisaient souvent la distance la plus grande (de Soleil à Saturne) comme unité de longueur. Si cette distance vaut 100, on a les distances suivantes :

Mercure	4
Vénus	7
Terre	10
Mars	16
Jupiter	52
Saturne	100

Signalons qu'aujourd'hui les astronomes utilisent plus souvent la distance entre la Terre et le Soleil comme unité, qu'ils appellent l'« unité astronomique », et qui vaut environ 150 millions de kilomètres. Dans ce cas, les valeurs précédentes deviennent : 0,4 ; 0,7 ; 1 ; 1,6 ; 5,2 et 10.

En Allemagne, un jeune astronome, Johann E. Bode (1747-1826), qui deviendra le directeur de l'Observatoire de Berlin, examine (cela se passe en 1772) ces six nombres : 4, 7, 10, 16, 52, 100. Et ça lui saute aux yeux ! Ces nombres ne sont pas quelconques !

Évidemment que l'on a :

Mercure	4	$= 4 + 3 \times 0$
Vénus	7	$= 4 + 3 \times 1$
Terre	10	$= 4 + 3 \times 2$
Mars	16	$= 4 + 3 \times 4$
Jupiter	52	$= 4 + 3 \times 16$
Saturne	100	$= 4 + 3 \times 32$

Ça, c'est vraiment intéressant ! Chaque distance peut être calculée d'une manière simple : 4 plus 3 fois un nombre, celui-ci étant pris dans une progression : 0, 1, 2, 4, 8, 16, 32. Avec cependant une difficulté. Pour la valeur 8, c'est-à-dire entre Mars et Jupiter, on ne connaît pas de planète ! La réponse de Bode est immédiate. Il doit y avoir, entre Mars et Jupiter, une planète qui n'a pas encore été observée et dont la distance au Soleil correspond à $4 + 3 \times 8$…

Johann Bode publie sa « loi », et il impressionne fortement tous ses collègues. On va scruter le ciel nocturne pour trouver la planète encore inconnue.

Voilà que, le 13 mars 1781, William Herschel (1738-1822), un astronome anglais d'origine allemande, découvre une nouvelle planète, qu'il baptise Uranus. Ce n'est pas l'astre manquant car son orbite est plus lointaine encore du Soleil que celle de Saturne. Dès que les observations et les calculs permettent de déterminer la distance de cette nouvelle planète au Soleil, on s'empresse évidemment de vérifier la loi de Bode. Avec 100 pour Soleil-Saturne, on constate que la distance d'Uranus vaut 192. La loi de Bode donne… 198, ce qui est une assez bonne approximation !

Le 1er janvier 1801, l'Italien Giuseppe Piazzi (1746-1826), à Palerme, découvre un astre encore inconnu qui gravite entre Mars et Jupiter. Il l'appelle Cérès. Mais sa masse est beaucoup trop petite pour que l'on puisse parler de planète. On va d'ailleurs, rapidement, découvrir d'autres corps célestes de petite taille entre Mars et Jupiter, que l'on appellera les astéroïdes : Pallas par l'Allemand Wilhelm Olbers (1758-1840), en 1802 ; Junon par l'Allemand Karl Harding (1765-1834), en 1804 ; Vesta par Wilhelm Olbers, en 1807… Aujourd'hui, on en connaît des milliers…

La découverte des astéroïdes est un mauvais coup pour la loi de Bode mais, après tout, l'exception confirme la règle ! De nombreux astronomes conservent leur confiance dans la loi. N'est-elle pas en bon accord avec la position d'Uranus, une planète dont Bode ne soupçonnait pas l'existence ?

Le 23 septembre 1846, un nouveau corps céleste important est découvert dans le système solaire, à l'Observatoire de Berlin. Ce n'est pas un astéroïde, c'est une vraie planète. Son découvreur, Johann Galle (1812-1910), l'appelle Neptune.

Entre parenthèses, remarquons bien que la découverte d'Uranus et de Neptune, c'est-à-dire de la 7e et de la 8e planète, nous montre, si c'était nécessaire, que l'idée d'une harmonie du monde basée sur les cinq polyèdres est tout à fait sans fondement.

On observe donc Neptune, on calcule sa position par rapport au Soleil. La distance est considérable : 301 si l'on prend 100 pour Saturne. Voyons ce que donne la loi de Bode : 4 + 3 × 128 = 388. Cette fois, l'écart est vraiment trop grand.

La loi de Bode est abandonnée.

Johann E. Bode s'est trompé !

Quelques relations remarquables entre des nombres peuvent parfois cacher quelque chose. Parfois, elles ne signifient… rien !

La résurrection des morts

Alors qu'en 1772, en Allemagne, Bode étudie la position des planètes, alors qu'en 1789, en France, Lavoisier révolutionne la chimie, il y a bien d'autres avancées – ou tentatives d'avancée – de la science dans ces deux grands pays et aussi dans quelques autres.

Ainsi, en Italie…

Le ciel y est plus bleu qu'ailleurs, la musique plus suave et les hommes de science se souviennent de leurs illustres prédécesseurs, les Cardan, les Galilée, les Torricelli…

Par exemple, en 1780, Luigi Galvani (1737-1798), qui enseigne la médecine à l'Université de Bologne. La plus vieille université du monde, au fait, puisque ses origines remontent à 1088. Mais en 1088, à Bologne, on n'aurait vraiment pas eu l'idée de faire les expériences de Galvani ! Car en songeant à ses prédécesseurs, en pensant à toute cette galerie de grands hommes qui ont fait progresser la science avant lui, Galvani pense à une grande question et à une plus petite. La grande question, c'est la question de la vie. Qu'est-ce que c'est que ce phénomène, certainement complexe (Galvani est un excellent anatomiste), qui distingue les êtres vivants des êtres inertes ? La petite question, c'est une curiosité des cabinets de physique. Dans certains de ces cabinets, on produit de l'électricité, c'est assez curieux, à l'aide de machines qui sont essentiellement constituées par un corps tournant (généralement en verre) sur lequel sont appuyés des frotteurs en tissu ou en cuir.

C'est le frottement qui produit l'électricité. Le verre devient capable d'attirer de petits objets (fétus de paille, morceaux de papier…) et surtout produit des étincelles, qui peuvent devenir spectaculaires si le frottement est suffisamment vigoureux. C'est bien étrange, c'est très curieux, mais ce n'est en somme qu'un amusement de laboratoire. Mais Galvani s'y intéresse.

Mais quel rapport entre l'électricité des physiciens et la vie ?

Eh bien, une des expériences que l'on pratiquait avec la machine électrique, c'était de soumettre à l'électricité de petits animaux et ceux-ci subissaient manifestement une secousse intense, qui pouvait parfois aller jusqu'à les tuer. Donc, l'électricité peut détruire la vie. Donc, il y a peut-être un rapport entre vie et électricité.

En fait, il semble – mais allez savoir ! – que ce n'est pas par ce brillant raisonnement que Galvani est arrivé à sa découverte, mais par une constatation fortuite, faite peut-être par le plus grand des hasards.

Nous sommes donc en 1780. Galvani dissèque des grenouilles. C'est un matériel souvent utilisé par les naturalistes. Il coupe la patte d'une grenouille, évidemment vivante, pour ne rien perdre de la force vitale de l'animal. Il constate, mais cela était connu depuis longtemps, qu'en touchant le nerf avec son scalpel, il induit une contraction du muscle relié au nerf. Je le répète, rien de nouveau. Mais un jour, il pratique sa vivisection pendant qu'une machine électrique tourne dans son laboratoire. Et il constate que les contractions musculaires de la patte sont plus fortes que d'habitude. Il relie alors son scalpel à la machine. Pas de doute. L'électricité excite fortement le nerf. Galvani vient de découvrir l'excitabilité des nerfs de grenouille par l'électricité !

C'est fort bien, mais Galvani n'a pas que cela à faire. Il vaque à ses occupations, mais sa découverte le rend soucieux. Il recommence l'expérience, de temps en temps.

Jusqu'à ce fameux jour du 20 septembre 1786 ! Le professeur Galvani a préparé une patte de grenouille et il la fixe à un crochet de cuivre. Sans doute pris par autre chose, il accroche la patte à un objet en fer (la balustrade d'un balcon, dit-on).

Il revient à la patte sur le balcon (admettons que c'était un balcon) et il constate en la touchant que de vives contractions sont produites dans le muscle du pauvre batracien ! Galvani vient de faire sa seconde découverte.

Et il commet sa grande erreur.

Une erreur qui en engendrera une autre.

Mais deux erreurs, nous allons le voir, qui se révèleront fécondes.

Donc, voilà qu'une patte de grenouille se met à s'agiter même sans recevoir de l'électricité ! Conclusion du médecin de Bologne : la patte de grenouille est capable de produire de l'électricité et celle-ci, en retour, provoque les contractions du muscle. Galvani vient de découvrir ce qu'il va appeler l'électricité animale.

Il annonce sa découverte en 1791, dans une brochure publiée par la Typographia Instituti Scientiarum de Bologne, intitulée : *De viribus electricitatis in motu musculari commentarius.* Il publiera encore un *Memorie sulla elettricita animale* en 1797.

En fait, Galvani s'est trompé. Il y a bien contraction du muscle sous l'action de l'électricité. Il y a bien aussi contraction si la patte est en contact avec du cuivre et du fer. Mais dans ce dernier cas, l'électricité contractant le muscle ne vient pas de l'animal, mais provient des métaux !

En tout cas, c'est comme ça que l'expérience est interprétée par un autre Italien, Alexandre Volta (1745-1827), un physicien, qui enseigne à l'Université de Pavie. Il s'intéresse beaucoup aux travaux de son compatriote et il se rend assez vite compte de l'erreur. Pour lui, l'électricité est produite par le contact entre deux métaux différents, le cuivre du crochet et le fer de la balustrade. L'électricité « animale » n'existe pas. Mais il existe bien une électricité « métallique ».

Les dernières années du XVIIIe siècle verront se développer une très belle polémique – et pas uniquement en Italie – entre les partisans de l'électricité animale (on dira le galvanisme) et les tenants de l'électricité métallique (le voltaïsme). Jusqu'à ce qu'en 1800, Volta fasse l'expérience cruciale, qui va résoudre la question. Il réalise une pile, c'est-à-dire un empilement de disques métalliques, alternativement de cuivre et de zinc. Il sépare les disques par des morceaux de tissu imbibés d'eau salée. Il veille à ce que le métal du sommet de la pile soit différent de celui de la base. Par exemple, cuivre au-dessous et zinc au-dessus. Il fixe un ruban de métal à la base en cuivre. Il fixe un autre ruban métallique au sommet en zinc. Et il rapproche les extrémités libres des deux rubans. L'expérience est vraiment facile à reproduire, il suffit d'avoir quelques rondelles de métaux différents. On peut aussi utiliser le couple argent-zinc. Des pièces de monnaie conviennent parfaitement. Et quand les rubans s'approchent suffisamment, il apparaît des étincelles. Et si on touche une patte de grenouille avec ces rubans reliés à la pile, les contractions sont immédiates et très violentes.

C'est clair. Deux métaux différents en contact, ou en contact par l'intermédiaire d'eau salée, produisent de l'électricité !

Volta vient d'inventer la pile de Volta. Car, bien entendu, elle portera son nom. L'inventeur fait part de son invention au monde savant en faisant paraître un article « *On the electricity excited by the mere contact of conducting substances of different kinds* » dans les *Philosophical Transactions of the Royal Society* de Londres.

C'est une belle histoire, assez exemplaire, car on voit bien comment une découverte est faite, comment deux hommes l'interprètent tout à fait différemment et comment l'expérience initiale conduira à une nouvelle découverte.

Donc, on peut le dire, l'erreur de Galvani fut finalement féconde.

Mais l'histoire n'est pas finie. On continue à s'intéresser au galvanisme, mais on utilise maintenant ce terme dans un sens différent. Ce n'est plus la doctrine (fausse) de Galvani, c'est le nouveau phénomène, bien réel, de l'électricité d'origine métallique qui est appelé galvanisme.

Les travaux et les publications abondent. En 1802, Jean Aldini (1762-1834), un médecin, un professeur à l'Université de Bologne, publie *Saggio di esperienze sul galvanismo* à Bologne. Ce qui l'intéresse, en tant que médecin, ce n'est pas l'électricité en elle-même, mais les effets de l'électricité sur les êtres vivants. En 1804, il publiera un *Essai théorique et expérimental sur le galvanisme, avec une série d'expériences faites en présence des commissaires de l'Institut national de France, et en divers amphithéâtres anatomiques de Londres*, chez Fournier fils, à Paris. L'ouvrage, assez copieux, comporte deux tomes, de respectivement 346 et 294 pages. En 1802, Charles-Frédéric Geiger publie une *Dissertation sur le galvanisme et son application*, à Paris. En 1803, Pierre Hubert Nysten (1771-1818) publie ses *Nouvelles expériences galvaniques, faites sur les organes musculaires de l'homme et des animaux à sang rouge*, chez Levrault frères, à Paris. La même année, Jean-Baptiste-Jacques Thillaye (1752-1822) publie *Essai sur l'emploi médical de l'électricité et du galvanisme*, à Paris. En 1804, Jean-André Deluc publie un *Traité élémentaire sur le fluide électrico-galvanique*, en deux volumes, chez la Veuve Nyon, à Paris.

Mais de quoi s'agit-il ?

De la résurrection des morts !

Pas moins.

L'idée est lumineuse. La vie, c'est le mouvement. L'électricité stimule le mouvement des êtres vivants. Pourquoi ne pas faire agir l'électricité sur un cadavre ? Ne pourrait-on pas, si le cadavre est en bon état, lui redonner le mouvement, c'est-à-dire la vie, à l'aide d'une pile de Volta suffisamment puissante ? Ce sera le programme de quelques médecins, et je viens de citer Aldini, Geiger, Nysten, Thillaye, Deluc et il y en eut d'autres…

Lisons quelques passages de l'*Essai théorique et expérimental* de Jean Aldini. Il commence par définir le galvanisme : « Galvani jeta le fondement d'une science nouvelle ; et la force excitée d'après ses principes, pour rendre hommage à la mémoire de son inventeur, reçut généralement le nom de Galvanisme. J'adopterai cette dénomination sans chercher, du moins pour le moment, à examiner s'il y a parité ou non entre le galvanisme et l'électricité, et s'il faut admettre ou exclure l'identité de ces deux principes. » Ensuite, le professeur Aldini expose longuement le résultat de ses expériences avec divers animaux, grenouilles et autres.

Et quand nous arrivons à la page 121, l'auteur entame un nouveau chapitre, qu'il intitule « Du pouvoir du galvanisme sur des suppliciés décapités à Bologne, en janvier et février 1802 ».

Il explique : « De toutes les expériences exposées dans la section précédente, l'on pouvait conjecturer, par analogie, l'effet de l'action du galvanisme sur un sujet plus noble, sur l'homme (…).

Il fallait donc saisir le cadavre humain dans le plus haut degré de la conservation des forces vitales après la mort ; et pour cela je devais, pour ainsi dire, me placer à côté d'un échafaud, et sous la hache de la loi, pour recevoir de la main d'un bourreau des corps ensanglantés (…).

Je profitai donc de l'occasion de deux criminels décapités à Bologne, que le gouvernement accorda à ma curiosité physique (...) l'amour de la vérité, et le désir de répandre quelques lumières sur le système du galvanisme, l'emportèrent sur toutes mes répugnances, et je passai aux expériences suivantes. »

Je ne vais évidemment pas transcrire dans le détail toutes les phases des expériences de Jean Aldini, que le lecteur peut d'ailleurs imaginer assez aisément. Bornons-nous à une dernière citation.

« La tête (il s'agit du premier décapité) fut d'abord soumise à l'action du galvanisme, par le moyen d'une pile à 100 plaques d'argent et de zinc : deux fils métalliques, dont l'un partait de la base, l'autre du sommet de la pile, venaient aboutir à l'intérieur des deux oreilles, humectées avec de l'eau salée.

Je vis d'abord de fortes contractions dans tous les muscles du visage, qui étaient contournés si irrégulièrement, qu'ils imitaient les plus affreuses grimaces. L'action des paupières fut très-marquée, quoique moins sensible dans la tête humaine que dans celle du bœuf. »

On imagine l'intérêt du public pour ces recherches macabres. On se munit d'un cadavre récent, décapité ou, mieux, pendu, on le met en contact avec une pile de grandes dimensions, et le cadavre est pris de fortes secousses, grimace, ferme et ouvre ses paupières...

Hélas, il ne renaît pas...

Résumons.

Galvani croit que les êtres vivants produisent de l'électricité. Volta pense que l'électricité mise en évidence par les expériences de Galvani est d'origine métallique et pas d'origine animale. Erreur de Galvani. Et invention de la pile de Volta. En fait, c'est l'origine de tout un domaine de la physique et la source des techniques électriques, puis électroniques : moteurs, éclairage, téléphone, télécommunications, télévision, informatique, robotique, etc.

Dès que l'on dispose des sources d'électricité commodes que sont les piles voltaïques – plus efficaces que les vieilles machines à frottement – des médecins pensent à « réveiller des morts ». Nouvelle erreur. Car aucun cadavre n'a ressuscité. Mais quelques décennies plus tard, l'idée va réapparaître, alors que la physique et la médecine auront progressé de manière considérable. Et l'erreur de 1800 devient le succès de la fin du XXe siècle. Aujourd'hui, dans les hôpitaux, il est devenu banal de ramener à la vie des personnes « cliniquement mortes », en soumettant le cœur à un choc électrique suffisamment puissant. Je ne vais pas résumer l'histoire de ce galvanisme « nouvelle époque », mais il est intéressant de savoir que c'est l'Américain Claude S. Beck (1894-1971) qui met au point le massage électrique du cœur (défibrillation) en 1947. Sa publication date du 13 décembre : « *Ventricular fibrillation of long duration abolished by electric shock* », paraissant dans le *Journal of the American Medical Association.* J'ajouterai que la stimulation électrique cardiaque est inventée par un autre médecin américain, Paul M. Zoll (1911-1999), en 1952. Il mettra au point le défibrillateur électrique du cœur (sans ouverture chirurgicale de la poitrine) en 1956.

Deux erreurs, mais quels résultats !

Il y eut même un résultat littéraire, un peu inattendu.

Le public, je l'ai dit, fut très impressionné par les spectaculaires expériences du galvanisme, au tout début du XIXe siècle. Ranimer un mort grâce à la science. Autant dire, fabriquer un homme artificiel.

Le 1er janvier 1818, Mary Shelley (1797-1851) fait paraître son roman *Frankenstein or the modern Prometheus* chez Lackington, Hughes, Harding, Mavor & Jones, à Londres.

Elle y raconte, avec grand talent, les recherches du docteur Frankenstein, qui parvient à coudre ensemble des morceaux de cadavres, qui reconstitue un homme complet et qui lui redonne la vie par le moyen d'une machine électrique. En fait, le récit apparaît sans nom d'auteur. Mais le succès est considérable et une deuxième édition, dûment signée, paraît en 1823. On connaît le succès durable du roman, véritable prototype de la « science-fiction ». Il fut évidemment inspiré par les essais des scientifiques de créer la vie, de ranimer des cadavres humains. Une erreur scientifique. Certainement pas une erreur littéraire !...

Les Martiens

Notre prochaine histoire commence à Rome, en 1850. Le révérend père jésuite Angelo Secchi (1818-1878), excellent astronome, est nommé directeur de l'Observatoire du Vatican. Il dispose d'instruments d'observation puissants, des lunettes et des télescopes, et il observe. En 1858, il observe la planète Mars et il constate que la surface de l'astre n'est pas uniforme, mais qu'il s'y trouve diverses irrégularités. Parmi celles-ci, des structures qu'il désigne par le mot italien *canali*, que l'on peut traduire par « chaînes », « canaux », « chenaux »…

Entendons-nous bien ! Le père Secchi n'a pas fait d'erreur. Il y a bien des structures sur la surface martienne, invisibles bien sûr à l'œil nu, mais que l'observation instrumentée révèle, si du moins le pouvoir grossissant de l'instrument est suffisant.

Une vingtaine d'années plus tard, en 1877, un autre astronome italien, Giovanni Schiaparelli (1835-1910), qui lui travaille à l'Observatoire de Milan, étudie également la planète Mars. Il en scrute la surface. Il confirme les observations de son prédécesseur. Il y a bien des *canali* sur Mars. Ce sont des formations rectilignes, de longueur gigantesque.

Toujours pas d'erreur. Schiaparelli est un bon observateur.

Et encore presque vingt ans après, en 1894, Percival Lowell (1855-1916), un riche Américain, fonde le Lowell Observatory, à Flagstaff (Arizona). Il s'est doté d'excellents instruments et il observe. Il retrouve les canaux de Schiaparelli et il ne doute pas d'avoir fait une découverte majeure, que dis-je, sensationnelle !

Ces canaux sont évidemment des constructions faites par des êtres intelligents, des Martiens. Lowell réfléchit à la question. Il paraît évident que l'eau est rare sur la planète rouge. Les Martiens ont donc été contraints de construire d'immenses canaux d'irrigation, pour faire venir dans les régions équatoriales de la planète les eaux qui sans doute existent aux pôles.

En 1895, l'astronome américain publie un livre d'un peu plus de deux cents pages, *Mars*, pour exposer sa découverte. En 1906, il publiera un livre plus important : *Mars and its canals*, d'environ 400 pages. Il fera paraître encore un ouvrage « démontrant » que la planète rouge est habitée : *Mars as the abode of life*, en 1908.

Cependant, dans les milieux scientifiques, il est bien le seul à croire encore aux Martiens. Quant aux milieux populaires, c'est autre chose !

Déjà en 1862, le Français Camille Flammarion (1842-1925), qui n'est qu'un vulgarisateur et pas un astronome, publie un opuscule de 54 pages : *La pluralité des mondes habités, étude où l'on expose les conditions d'habitabilité des terres célestes*. Le titre expose bien le contenu de cette « étude ». On ne s'étonnera donc pas qu'en 1892 Flammarion, dans un ouvrage plus copieux, *La planète Mars et ses conditions d'habitabilité*, se montre favorable à l'idée de canaux construits par des Martiens, avant même que ne paraissent les ouvrages de Lowell.

En 1898, un romancier britannique, Herbert George Wells (1866-1946), après avoir lu le livre de Lowell, publie *The war of the worlds* (La guerre des mondes), un récit palpitant qui raconte l'invasion de la Terre par les… Martiens. Non seulement ces petits êtres malfaisants creusent des canaux, mais ils savent construire des engins interplanétaires et ils disposent d'armes redoutables, qui tiennent en échec les armées, pourtant puissantes à la fin du XIXe siècle, des Terriens. Voilà comment une erreur scientifique devient un succès littéraire ! Car les Martiens n'existent pas et les canaux ne sont que des formations tout à fait naturelles où Lowell a cru détecter des régularités « artificielles » (donc construites par des intelligences), alors qu'il s'agit de simples et tout « naturels » incidents de terrain.

L'erreur des canaux de Mars est à la limite une erreur de la science. Schiaparelli a vu des structures rectilignes, qui existent, mais sans en fournir une interprétation. Lowell les a vues, interprétées et, en partie, inventées car il verra bien plus de « canaux » que l'astronome italien. Quelques astronomes admettront l'existence des canaux. Bien peu admettront l'existence des Martiens.

Le 27 octobre 1903, l'astronome français Gaston Millochau publie ses « Observations de Mars à la grande lunette de l'observatoire de Meudon » dans les *Comptes rendus de l'Académie des sciences*. C'est un observateur très sûr. Il est formel. Il n'y a pas de canaux sur Mars ! Du moins pas les structures rectilignes qu'a cru voir Lowell.

Également en 1903, deux astronomes britanniques, Joseph Evans et Edward Maunder, publient un très intéressant article « *Experiments as to the actuality of the « canals » observed on Mars* » (Expériences sur la réalité des « canaux » observés sur Mars), dans les *Monthly Notices of the Royal Astronomical Society*. Ils ont, en prenant toutes les précautions utiles pour éviter de biaiser les résultats, présenté à plusieurs élèves d'un établissement scolaire différents disques sur lesquels ont été dessinées différentes lignes et ont demandé aux jeunes observateurs de reproduire sur papier les détails qu'ils ont découverts. Je ne vais pas résumer toutes les expériences, dont le compte rendu prend une dizaine de pages, mais le résultat est net et instructif. Tous les élèves ne voient pas la même chose ! Et souvent ils « inventent » des structures… rectilignes. Les auteurs concluent : « Il est mille fois regrettable que toutes ces magnifiques théories d'habitations humaines, de constructions de canaux, et autres semblables, ne soient basées que sur des lignes que nos expériences nous obligent à déclarer qu'elles n'existent pas. »

C'est mille fois regrettable, en effet. Percival Lowell s'est trompé, lourdement trompé, faisant une erreur d'interprétation rejoignant les illusions « rationnelles » d'un Platon, les divagations des alchimistes ou d'un Descartes, les fausses découvertes de quelques chercheurs d'éléments.

Mais les astronomes auront, grâce à l'erreur de Lowell, progressé de manière significative. Ils savent maintenant qu'il faut se méfier de ce que l'on voit, même dans une lunette très grossissante.

La formule du benzène

En 1825, un Anglais, Michel Faraday (1791-1867), étudie la composition chimique du gaz d'éclairage. Bien entendu, il se passe d'autres choses intéressantes, en 1825. C'est, par exemple, cette année-là qu'est inaugurée l'installation d'éclairage au gaz à la place Vendôme, à Paris. Ce n'est pas un événement sans importance : le gaz d'éclairage va changer beaucoup de choses au cours du XIXe siècle, notamment en procurant un nouveau débouché au charbon de terre, car c'est à partir du charbon, de la houille comme on dit dans certaines régions, que le gaz est fabriqué. J'aurais aussi pu vous dire qu'en cette année, à Liège, en Belgique, est fondée la Société Anonyme du Val-Saint-Lambert, qui est une verrerie. Ou que Philippe Suchard fonde une confiserie à Neuchâtel, en Suisse. À moins que je ne vous dise que c'est en 1825 qu'est fondée, encore à Liège, la société John Cockerill et Cie, pour « la fabrication de toutes espèces de machines ».

Mais revenons aux recherches de Faraday sur le gaz d'éclairage. Après tout, ce gaz de houille sera une des principales sources d'énergie tout au long du XIXe siècle, et il ne servira pas qu'à l'éclairage. Il fera merveille dans les cuisines pour le chauffage et on parviendra même, vers 1860, à s'en servir pour alimenter des moteurs, qui concurrenceront la machine à vapeur. C'est dire que la connaissance du gaz d'éclairage n'est pas qu'une affaire de cabinet de physique. Les intérêts pratiques et donc économiques sont immenses. Ah, j'oubliais encore une utilisation de ce gaz. Le remplissage des ballons. Car on commence à se déplacer dans les airs, comme Jules Verne nous le racontera, en 1863, dans son célèbre et passionnant roman *Cinq semaines en ballon*.

Allons, ceci n'est pas un roman d'aventures, je n'ai pas à raconter de captivants voyages, ou plutôt les voyages que je raconte sont ceux de l'esprit scientifique, et il en avait, Faraday, de l'esprit scientifique !

Il examine donc un échantillon de gaz d'éclairage. À cette époque, il y a déjà des canalisations qui relient l'usine à gaz aux luminaires publics, mais une partie importante de la production des usines est vendue dans des bouteilles en métal, à l'état de gaz comprimé. Et Michel Faraday parvient à extraire, de ce gaz sous pression, un liquide incolore, pratiquement insoluble dans l'eau, très odorant, dont l'odeur n'est d'ailleurs pas vraiment désagréable, très volatil.

La première chose qu'un chimiste fait quand il obtient, dans son laboratoire, une substance qu'il soupçonne d'être nouvelle, c'est d'en établir la composition. Je n'irais pas jusqu'à dire « si tôt dit, si tôt fait », car les analyses chimiques sont longues, mais enfin Faraday ne tarde pas à constater trois choses. Primo, son liquide contient du carbone. Quand il brûle – c'est évidemment un liquide combustible – il produit une flamme fuligineuse, c'est-à-dire qui forme une suie, noire, très collante, qui est en fait essentiellement du carbone. Secundo, son liquide contient de l'hydrogène. Tertio, il ne contient rien d'autre ! C'est un composé « binaire », formé de deux éléments, le carbone et l'hydrogène. Faraday lui donne un nom assez bien trouvé : « *carbureted hydrogen* », ce que je n'ai aucun mal à traduire par « hydrogène carburé ». Les chimistes français diront, quand ils connaîtront la découverte, « hydrocarbure », ce qui est plus savant, mais veut dire exactement la même chose.

Bon. Où est l'erreur ?

Eh bien, il n'y en a pas. Pas la moindre petite erreur. La substance trouvée par l'Anglais est bien nouvelle, personne ne l'avait observée avant lui, elle est bien formée de carbone et d'hydrogène, et uniquement de ces deux éléments. J'ajouterai même que c'est une découverte très importante, car le *carbureted hydrogen* sera une des substances les plus étudiées au courant des XIXe et XXe siècles.

Vous pouvez me faire confiance. Nous trouverons bien une erreur dans cette histoire, mais pas tout de suite.

Allons en Allemagne, un peu plus tard, en 1833. À l'Université de Berlin. Un professeur de chimie, Eilhard Mitscherlich (1794-1863), y étudie le benjoin. C'est une résine, on dit aussi un baume, venant d'Extrême-Orient, que l'on extrait d'arbres et d'arbustes du genre appelé *Styrax* par les botanistes. On utilise le benjoin, qui est très odorant, en parfumerie et les pharmaciens s'en servent aussi pour préparer certains onguents. Mitscherlich soumet son échantillon de benjoin à un procédé très utilisé par les chimistes, la distillation. Il chauffe prudemment la substance, qui d'abord se liquéfie, puis qui dégage des vapeurs que le professeur fait passer dans un tube « réfrigérant ». Les vapeurs se condensent et il se forme une masse blanche cristalline d'un très bel aspect, l'acide benzoïque. Ce n'est pas tout. Mitscherlich soumet à une nouvelle distillation le produit distillé. Cette fois, l'acide benzoïque chauffé donne des vapeurs dont la condensation produit un liquide incolore, pratiquement insoluble dans l'eau, très odorant, dont l'odeur n'est d'ailleurs pas vraiment désagréable, très volatil. Un liquide combustible. Le professeur berlinois appelle cette substance *Benzin*.

En ce XIXe siècle, les revues scientifiques sont déjà très nombreuses, et les savants de toute l'Europe sont au courant de ce que font et trouvent leurs collègues. Il ne faudra pas longtemps pour que les découvertes de Faraday et de Mitscherlich soient connues par presque tous les chimistes et il ne faudra pas longtemps pour que l'on se rende compte que le *carbureted hydrogen* de l'Anglais et le *Benzin* de l'Allemand ne sont en fait qu'une seule et même substance.

Dans les pays de langue française, on dira « benzène ». Là où on parle anglais, on dira « *benzene* ». Les Allemands continueront à dire *Benzin*, parfois *Benzol*.

Et alors. Où est l'erreur ?

Il n'y en a toujours pas. Mitscherlich a fort bien travaillé et la découverte de Faraday prend de l'importance. On s'est rendu compte qu'une substance, le benzène, existe à la fois dans le gaz de houille et dans une résine orientale.

Il faut bien dire qu'à cette époque de nombreux chimistes, pas uniquement en Angleterre et en Allemagne, font de nombreuses découvertes de ce genre. C'est presque tous les jours que l'une ou l'autre revue annonce la découverte d'une nouvelle substance, tirée du sol ou extraite d'une plante ou d'un animal. Et donc, les chimistes – et plus uniquement Faraday et Mitscherlich – étudient le benzène.

La première chose à faire est d'en déterminer la formule, c'est-à-dire la composition. Nous savons déjà qu'il est formé de carbone et d'hydrogène. Mais combien ? Plusieurs chimistes vont effectuer l'analyse quantitative du liquide, et leurs résultats seront concordants : le benzène contient 92,3 % de carbone et donc 7,7 % d'hydrogène.

Ici, je dois être un peu technique. Ce résultat, vers 1833, est représenté par la formule C^nH^n, qui signifie que la molécule de benzène est formée de n atomes de carbone (C) et de n atomes d'hydrogène (H), autrement dit le nombre d'atomes de carbone est égal au nombre d'atomes d'hydrogène. Par un procédé assez simple, mais dont l'explication prendrait beaucoup de place, les chimistes parviennent à déterminer en outre que n vaut 6, c'est-à-dire que la formule du benzène est C^6H^6. La molécule de cette substance est formée de 12 atomes, 6 de carbone et 6 d'hydrogène.

Et voilà ! Vous savez tout ce que l'on savait, à la fin de la première moitié du XIXe siècle, sur le benzène, à l'époque des romans d'Honoré de Balzac et d'Alexandre Dumas.

C'est un beau savoir, mais les chimistes veulent en savoir plus. C'est bien de savoir qu'il y a six atomes de carbone dans la molécule de benzène. Mais comment sont-ils disposés ? La formule C^6H^6 est ce que les chimistes appellent une formule « brute ». Mais ils veulent en outre connaître la formule « développée » ou structure de la molécule. Pour cela, ils sont conduits par deux principes qu'ils ont découverts : l'hydrogène est monovalent, le carbone est tétravalent.

C'est très facile à comprendre. La monovalence de l'hydrogène signifie que l'atome d'hydrogène ne peut se lier qu'à un seul autre atome. La tétravalence du carbone signifie que l'atome de carbone doit se lier à quatre autres atomes.

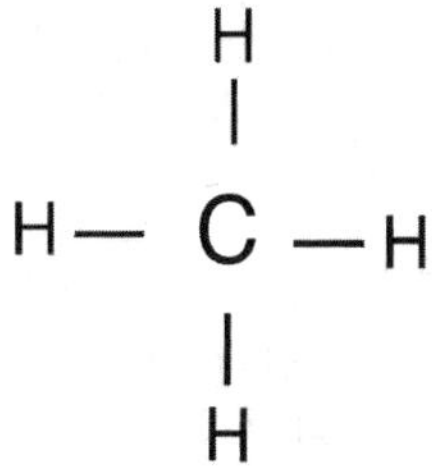

Prenons l'hydrocarbure le plus simple – car on en connaissait d'autres que le benzène. C'est le méthane, dont la formule brute est CH^4. Il y a bien quatre atomes d'hydrogène (monovalent) et un atome de carbone (tétravalent). Il est immédiat de dessiner sa formule développée, si l'on indique par un trait chaque liaison entre deux atomes.

Et nous y voilà ! Comment va-t-on établir la formule développée, c'est-à-dire la structure moléculaire, du benzène ? Comment les six atomes de carbone sont-ils disposés dans l'édifice moléculaire ?

Encore un événement à signaler, avant de répondre. En 1860, le chimiste allemand Auguste Kekulé (1829-1896) publie un article « Faits pour compléter l'histoire de l'acide salicylique et de l'acide benzoïque » dans une livraison du *Bulletin de l'Académie royale des sciences, des lettres et des beaux-arts de Belgique*. Si l'Allemand publie dans une revue belge, c'est qu'il est à cette époque professeur à l'Université de Gand, et s'il publie en français, c'est parce qu'il enseigne en français.

Dans son article, Auguste Kekulé propose une distinction qui sera très utile pour les chimistes. Parmi les toujours plus nombreuses substances extraites des êtres vivants, il sépare les « corps gras » et les « corps aromatiques ». Je ne peux entrer dans des détails assez compliqués, mais *grosso modo* les corps gras sont généralement inodores, alors que les corps aromatiques se caractérisent par une odeur souvent pénétrante. Parmi les corps gras, il y a les substances tirées des huiles et des graisses, ce qui explique l'adjectif « gras ». Parmi les substances aromatiques, il y a le benzène.

Il se fait même que le benzène est la substance aromatique la plus simple. Sa molécule ne comporte que 12 atomes, comme nous l'avons vu, alors que les autres corps aromatiques en contiennent davantage. D'où l'intérêt de Kekulé pour la structure du benzène, qui pourrait expliquer la structure de l'ensemble des substances aromatiques.

Et Kekulé, à Gand, commence à se demander comment on peut disposer ensemble six atomes C et six atomes H, en tenant compte du fait que C est tétravalent et H monovalent.

C'est un véritable jeu de construction !

C'est en 1865 que Kekulé trouve une solution, qu'il publie dans un article « Sur la constitution des substances aromatiques » publié par le *Bulletin de la Société Chimique de Paris*. Il publiera d'ailleurs une version allemande de son hypothèse en 1866 : « *Untersuchungen über aromatische Verbindungen. I. Über die Constitution der aromatischen Verbindungen* », dans les *Annalen der Chemie und Pharmacie.*

D'abord, avec six atomes de carbone, Kekulé pense à un hexagone. On peut en effet supposer que les six atomes occupent une position équivalente et l'hexagone s'impose. Chaque atome de carbone porte un atome d'hydrogène. Mais il y a un

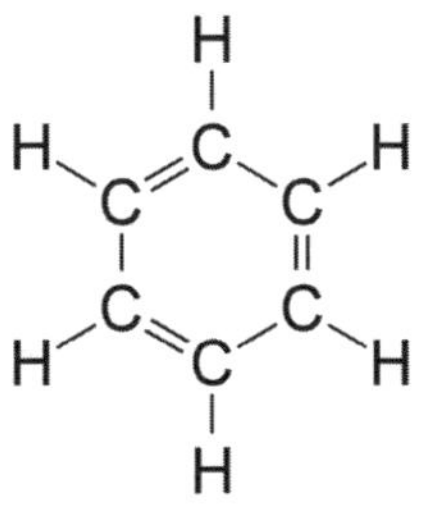

problème ! Selon cette disposition, chaque atome de carbone n'est lié qu'à trois atomes (un d'hydrogène et deux de carbone), alors que sa tétravalence impose quatre liaisons ! C'est alors que l'Allemand trouve une bonne idée : trois « doubles liaisons » alternées avec trois « simples liaisons ».

L'hypothèse de Kekulé fait sensation. Les chimistes se rendent très vite compte que la formule développée proposée explique de nombreuses caractéristiques du benzène. Kekulé a-t-il trouvé le secret de la structure des composés aromatiques ?

Peut-être, mais il y a des réticences chez certains savants.

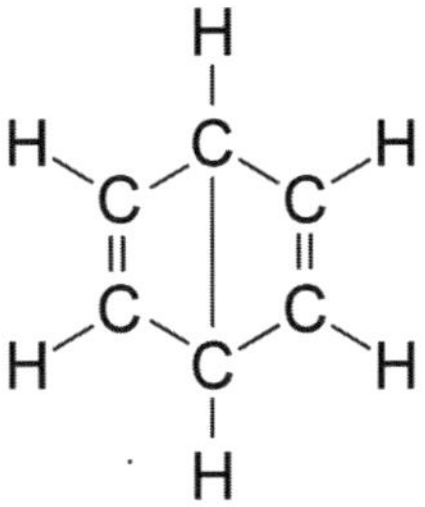

En Angleterre, en 1867, James Dewar (1842-1923) propose une structure légèrement différente. Il accepte la structure hexagonale, mais il pense que les liaisons sont disposées autrement.

Dewar fera connaître sa proposition dans un article « *On the oxydation of phenyl alcohol, and a mechanical arrangement adapted to illustrate structure in the non-saturated hydrocarbons* », qui paraît dans les *Proceedings of the Royal Society of Edinburgh.*

L'hypothèse de Dewar est importante, mais son nom se fera connaître plus largement par son invention de 1892 : le flacon isolant, que l'on appelle aussi le vase de Dewar. C'est grâce à lui que l'on dispose de bouteilles « thermos », bien utiles pour tenir son café bien chaud.

Deux ans après la proposition de Dewar, en 1869, un chimiste allemand, Albert Ladenburg (1842-1911), s'oppose à son tour à la formule de Kekulé, dans un article « *Bemerkungen zur aromatischen Theorie* » (Remarques sur la théorie aromatique) paraissant dans la revue *Chemische Berichte*. L'idée de Ladenburg est très différente de celles de Kekulé ou de Dewar. La forme hexagonale est oubliée. Ladenburg suppose que les atomes de carbone forment un prisme à base triangulaire. L'avantage du modèle, c'est qu'il n'est plus nécessaire de faire appel à des doubles liaisons.

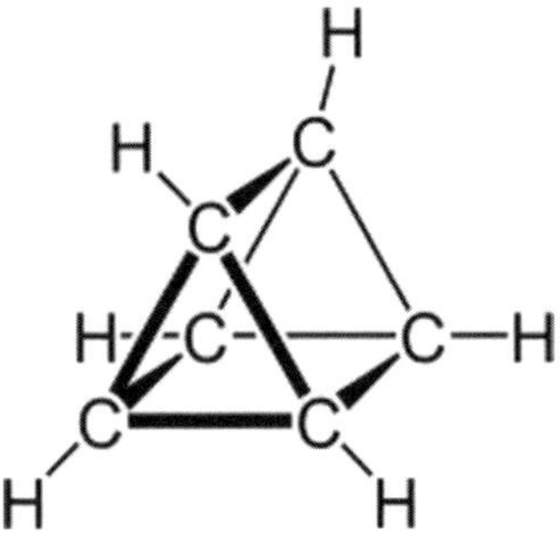

J'ai légèrement simplifié l'histoire. Il y eut quelques autres propositions. Mais l'essentiel réside bien dans la triple proposition : Kekulé, Dewar, Ladenburg. Je signalerai cependant encore une quatrième hypothèse. Elle sera formulée en 1887 par l'Allemand Adolphe von Baeyer (1835-1917). Il revient au modèle hexagonal. Mais il propose que, de chaque atome de carbone, parte vers le centre la quatrième liaison qu'impose la tétravalence du carbone.

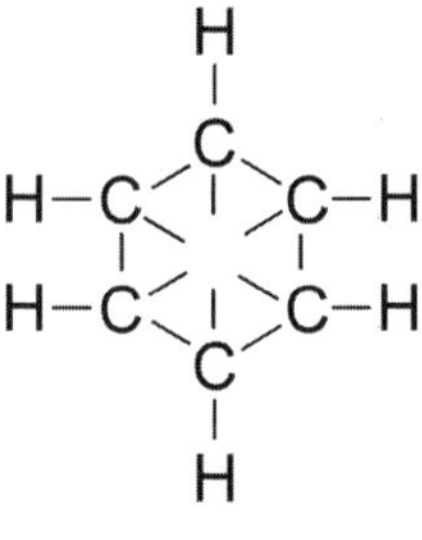

Bon. Il est quand même temps de voir où se trouve l'erreur ! Si je me limite aux quatre propositions, il y en a forcément une bonne et trois mauvaises, c'est-à-dire qu'il y a trois erreurs.

La proposition de von Baeyer sera rapidement éliminée, parce que les progrès de la chimie confirmeront qu'il faut bien qu'il y ait quatre liaisons effectives partant de chaque atome de carbone. Le XXe siècle démontrera que ces liaisons sont formées par l'accouplement d'électrons et on découvrira qu'il y a quatre électrons « périphériques » dans l'atome de carbone, d'où la tétravalence, ce qui élimine l'idée de 1887.

Donc, erreur de la part d'Adolphe von Baeyer. Reste à déterminer quels sont les deux autres chimistes qui se sont trompés.

La première réponse viendra le 20 octobre 1963. C'est la date de parution d'une livraison du *Journal of the American Chemical Society*, dans laquelle figure un article intitulé « *Bicyclo-[2.2.0]-hexa-2,5-diene* », signé par deux chercheurs du département de chimie de l'Université du Wisconsin, à Madison : Eugene E. van Tamelen et Socrates P. Pappas.

Les deux chimistes ont synthétisé une substance, que l'on doit appeler « bicyclo-[2.2.0]-hexa-2,5-diène » d'après la nomenclature officielle. C'est un composé qui correspond tout à fait à la formule de Dewar. Mais ce n'est pas du benzène !

Restent deux formules, celle de Kekulé et celle de Ladenburg.

La décision se fera le 18 avril 1973, quand paraît un numéro du *Journal of the American Chemical Society* contenant un article intitulé « *Synthesis of prismane* ». Les deux auteurs, Thomas J. Katz et Nancy Acton, travaillent au département de chimie de la Columbia University, à New York.

Katz et Acton ont synthétisé le « prismane », une substance qui, comme le benzène, comme le bicyclo-[2.2.0]-hexa-2,5-diène, a la formule C^6H^6, mais qui n'a pas les propriétés du benzène. Sa structure correspond à la formule de Ladenburg, d'où le nom prismane.

L'histoire est finie.

Adolphe von Baeyer s'est trompé.
James Dewar s'est trompé.
Albert Ladenburg s'est trompé.
Auguste Kekulé avait raison.

La génération spontanée

Je vais vous raconter maintenant la très surprenante, très étonnante et très instructive histoire de Félix Archimède Pouchet.

Cet homme est né à Rouen, le 26 août 1800, et il mourra, dans sa ville natale, le 6 décembre 1872. C'est un Français comme il y en a des millions, ou plutôt, non, c'est un Français qui se distingue par ses aptitudes intellectuelles. Il fait, à Rouen, des études de médecine, puis il étudie la zoologie et la botanique. En 1828, il est nommé professeur d'histoire naturelle au Muséum de Rouen, qui venait d'être fondé. L'année suivante, en 1829, il fait paraître un intéressant et utile ouvrage : *Histoire naturelle et médicale de la famille des Solanées*, chez F. Baudry, à Rouen. Livre utile, parce que la famille des Solanées, que les botanistes d'aujourd'hui appellent plutôt la famille des *Solanaceae*, est très intéressante parce qu'on y trouve des plantes vivrières de première importance, comme la pomme de terre, la tomate, l'aubergine et le poivron et, aussi, des plantes médicinales très actives, comme les jusquiames du genre *Hyoscyamus*, le tabac du genre *Nicotiana*, la belladone du genre *Atropa* ou encore les mandragores du genre *Mandragora*.

Indiscutablement, Félix Pouchet, qui en 1829 n'a pas encore trente ans, est comme le dit la formule « promis à un bel avenir ». Médecin, zoologiste, botaniste, spécialiste d'un groupe de plantes dont l'intérêt économique est considérable, responsable d'une importante institution scientifique de la ville de Rouen, il peut espérer la gloire sinon la fortune, en tout cas il a toutes les chances, comme le dit une autre formule, « de se faire un nom ».

Hélas, on peut se faire un nom quand on gagne. On peut aussi s'en faire un quand on a perdu.

Examinons la défaite du sieur Pouchet.

Mais d'abord, où en est la biologie dans les années 1820 et 1830 ?

Le mot vient à peine de naître. D'après certains auteurs, le terme « biologie » est proposé par le naturaliste allemand Gottfried R. Treviranus (1776-1837) pour désigner la science des êtres vivants, en 1802. D'autres auteurs attribuent la paternité du néologisme à un autre Allemand, Friedrich Burdach (1776-1847), en 1800. Il y a aussi des historiens des sciences qui attribuent à Jean-Baptiste de Lamarck (1744-1829) le mérite d'avoir forgé ce terme, en 1800 ou en 1801. Peu importe, au fond. D'ailleurs, le mot ne s'imposera pas tout de suite et, pendant longtemps, ceux qui étudient les plantes et les animaux se déclareront « naturalistes » plutôt que « biologistes ». Ce qui intéresse les naturalistes, à cette époque, ce n'est pas vraiment le nom de leur discipline, mais une bien plus grande question. La matière vivante est-elle distincte de la matière inanimée ? D'un côté, il y a ceux qui prétendent que la vie est un phénomène irréductible aux manifestations physico-chimiques de la matière. Tout être vivant est animé par une « force vitale ». Certains – mais alors on quitte le domaine de la science pour entrer tout à fait dans la religion – vont jusqu'à dire que les êtres vivants, les êtres vivants « supérieurs », en tout cas, et l'homme en particulier, ont une âme qui les anime (*anima*, en latin).

De l'autre côté, il y a ceux qui ne voient dans la vie qu'un phénomène comme les autres, dépendant des lois de la matière. C'était l'avis du grand Lavoisier, qui avait démontré expérimentalement que la respiration, si caractéristique des animaux, n'est en réalité qu'une combustion (à basse température), c'est-à-dire une réaction chimique. Un argument très fort pour les adversaires de la force vitale venait d'être trouvé par un chimiste allemand, Frédéric Wöhler (1800-1882). En 1828, il était parvenu à réaliser, dans son laboratoire, la synthèse de l'urée à partir de substances minérales. Or, l'urée est produite par les animaux (éliminée par les urines) et cette synthèse déroutait les partisans du « vitalisme » qui pensaient que la matière vivante échappait aux lois ordinaires de la chimie.

Mais du côté des vitalistes, il y avait la théorie cellulaire, que l'Allemand Théodore Schwann (1810-1882) expose avec vigueur en 1839. Tous les êtres vivants, végétaux ou animaux, microscopiques ou macroscopiques, sont formés de « cellules », petites unités de vie seulement visibles au microscope. Et non seulement tous les êtres animés sont formés de cellules mais, en outre, ils proviennent toujours du développement d'une cellule initiale (que l'on appelle « œuf »).

Quand, en 1847, notre Félix Pouchet fait paraître sa *Théorie positive de l'ovulation spontanée et de la fécondation des mammifères et de l'espèce humaine*, chez J.B. Baillière, à Paris, un fort volume de plus de 400 pages, c'est la stupéfaction chez les biologistes-naturalistes ! Alors que presque plus personne ne doute que, chez les mammifères et donc aussi chez l'homme, l'œuf à l'origine de l'embryon provient de l'action du sperme paternel sur l'ovule féminin, voilà qu'un savant respecté affirme que l'ovulation est spontanée, c'est-à-dire que la semence du mâle est sans effet !

Et le 10 décembre 1858, il fait paraître une « Note sur les proto-organismes végétaux et animaux, nés spontanément dans l'air artificiel et dans le gaz oxygène », dans les *Comptes rendus des séances de l'Académie des sciences*. Voici le début de cette note qui fera grand bruit.

« Au moment où, secondés par le progrès des sciences, plusieurs naturalistes s'efforcent de restreindre le domaine des générations spontanées ou d'en contester absolument l'existence, j'ai entrepris une série de travaux dans le but d'élucider cette question tant controversée. Après avoir répété toutes les expériences sérieuses faites sur ce sujet, j'en suis enfin arrivé à celles de MM. Schulze et Schwann, que, d'un commun accord, tous les adversaires de l'hétérogénie ont considéré comme lui ayant porté le coup suprême. » Je dois préciser que le terme « hétérogénie » ne désigne rien d'autre que la génération spontanée d'un être vivant, à partir de matière inerte, sans donc l'intervention de « parents ». Poursuivons la lecture de la note de Pouchet.

« Dès à présent, je puis assurer qu'en suivant exactement les mêmes procédés que ces deux savants, et même en les variant et en donnant encore un bien plus haut degré de précision à leurs expériences, j'obtiens constamment un résultat positif. On voit se produire des animalcules et des cryptogames divers dans des matras où tout germe organique a été préalablement détruit et où l'air ne parvient qu'après avoir été amplement lavé dans de l'acide sulfurique concentré ou avoir traversé un labyrinthe de fragments de porcelaine et d'amiante portés à la température de la chaleur rouge. »

Voilà donc la grande idée de Félix Archimède Pouchet : les animaux et les végétaux, en tout cas les animalcules et les végétaux microscopiques, naissent spontanément, sans venir d'un être vivant préexistant ! Les expériences le prouvent.

Dans la même livraison des *Comptes rendus* de l'Académie, Pouchet fait, la même date, paraître une note complémentaire : « Expériences sur les générations spontanées. Deuxième partie. Développement de certains proto-organismes dans de l'air artificiel ». Les conclusions vont dans le même sens.

Quelques jours plus tard, le 3 janvier 1859, l'Académie des sciences réunit ses membres compétents en biologie. La commission, à l'unanimité, estime que les expériences ne sont pas concluantes et réfute l'idée de génération spontanée des êtres vivants. Parmi les membres de la commission, Claude Bernard (1813-1878), célèbre physiologiste, Henry Milne Edwards (1800-1885), qui est titulaire de la chaire d'entomologie du Muséum national d'histoire naturelle de Paris, et quelques autres. Mais l'affaire n'est pas réglée. En cette année 1859, Pouchet fait paraître un gros livre (700 pages) : *Hétérogénie ou traité de la génération spontanée, basé sur de nouvelles expériences*, chez J.B. Baillière et fils, à Paris.

Il est intéressant de lire le début de la préface de cet ouvrage.

« Cet ouvrage est le fruit de trois années d'expériences et de recherches incessantes. Lorsque, par la méditation, il fut évident pour moi que la génération spontanée était encore l'un des moyens qu'emploie la nature pour la reproduction des êtres, je m'appliquai à découvrir par quels procédés on pouvait parvenir à en mettre les phénomènes en évidence : là fut la tâche laborieuse. Au milieu de mille essais infructueux, j'ai poursuivi celle-ci, sans relâche comme sans découragement, jusqu'au moment où l'expérience est enfin venue la sanctionner de toute son autorité. »

Le passage suivant de la préface n'est qu'anecdotique, mais il est éclairant sur les conditions de la recherche scientifique à l'époque de Balzac et de Victor Hugo.

« Je ne puis non plus omettre de dire que j'ai trouvé en Angleterre les plus vastes moyens d'étude, dans la magnifique bibliothèque du *British museum*. C'est un vrai paradis pour ceux qui se consacrent aux sciences ; d'autres l'ont déjà exprimé avant moi. Je regrette sincèrement d'avoir à reporter à l'étranger une admiration pour une institution qui n'a point d'égale en France, où le manque absolu de confiance empêche de rien réaliser de grand dans cette direction. Cependant, il serait injuste de ne pas dire que, si j'ai été loin de rencontrer les mêmes ressources, les mêmes matériaux, dans les bibliothèques de l'Institut et du Jardin des Plantes, j'y ai toujours rencontré la plus grande obligeance de la part des hommes instruits qui les dirigent. »

Pouchet fera paraître d'autres ouvrages sur la question. En 1861 : *Générations spontanées. État de la question en 1860.* En 1862 : *Études expérimentales sur la genèse spontanée.* En 1864 : *Nouvelles expériences sur la génération spontanée et la résistance vitale.*

Le champion des générations spontanées a trouvé deux chauds partisans, Nicolas Joly (1812-1885), un zoologiste qui enseigne à la Faculté des sciences de Toulouse, et un de ses élèves, Charles Musset.

Mais, en 1864, le 4 janvier, on voit paraître une « Note sur les générations spontanées » dans les *Comptes rendus des séances de l'Académie des sciences*. Le signataire s'appelle Louis Pasteur (1822-1895). C'est un chimiste connu, qui a fait de beaux travaux sur l'action de certaines substances sur la lumière polarisée ou, encore, sur la fermentation alcoolique. Surtout, il est administrateur de l'École normale supérieure. En étudiant les fermentations, il s'est convaincu qu'elles sont dues à des germes microscopiques (on ne dit pas encore « microbes », le mot ne sera inventé qu'en 1878). C'est un excellent expérimentateur et il sait qu'en manipulant des substances organiques il faut prendre d'innombrables précautions pour que les produits manipulés ne soient envahis par des moisissures, des infusoires, des levures, des algues microscopiques…

La note du chimiste est très courte. Mais la conclusion est très nette : il n'y a aucun doute. La génération spontanée n'existe pas. Et si Pouchet trouve des organismes vivant dans les liquides de ses expériences, c'est qu'il n'a pas pu empêcher qu'ils soient contaminés par les germes nombreux qui flottent dans l'air atmosphérique et se déposent partout. La controverse est née. Elle fera rage pendant quelques mois. D'un côté, les plus nombreux d'ailleurs, Pasteur et les anti-hétérogénistes. De l'autre, Pouchet et les partisans, assez rares mais remuants, de la génération spontanée de la vie.

Combat épique, ou presque !

Il faudrait en étudier les aspects techniques, c'est-à-dire décrire avec minutie les détails des expériences de Pouchet et ceux des contre-expériences de Pasteur. Car les adversaires ne se battent pas à coups d'arguments, comme dans un prétoire, mais en opposant des expériences à d'autres expériences, ce qui est le terrain de la science. Il faudrait aussi étudier les aspects idéologiques, et même politiques, de ce combat, car il est facile de voir qu'il y a deux visions du monde qui s'opposent dans cette importante question de l'origine de la vie, et parce que l'on peut bien supposer que Pouchet avait ses supporters, et que Pasteur avait les siens, et pas uniquement parmi les savants. Quand on dirige une institution comme l'École normale supérieure, on a des amis. Et des ennemis. Il faudrait même, avant tout, établir la chronologie précise, jour après jour, des événements, publications, articles dans les journaux, déclarations des partisans de Pouchet, prises de position des amis de Pasteur. Des chercheurs ont contribué à étudier le plus précisément possible cette belle bataille de deux intelligences. Je n'ai pas, dans le présent ouvrage, l'ambition d'aller si loin dans l'investigation. Après tout, c'est le résultat qui compte.

Pasteur lance, dans sa note de janvier 1864, un défi à MM. Pouchet, Joly et Musset. Que des expériences soient faites en présence de l'Académie des sciences. Pouchet accepte. L'Académie charge une commission pour « faire répéter, en sa présence, les expériences dont les résultats sont invoqués comme favorables ou comme contraires à la doctrine des générations spontanées ». La commission est formée par Pierre Flourens (1794-1867), physiologiste, Jean-Baptiste Dumas (1800-1884), chimiste, Adolphe-Théodore Brongniart (1801-1876), botaniste, Antoine Jérôme Balard (1802-1876), chimiste, et Henry Milne Edwards, que nous avons déjà cité. Les expériences sont réalisées. À l'avantage indiscutable des opposants à la génération spontanée.

Pasteur a gagné.

Pouchet a perdu.

Pasteur a organisé avec grand soin ses expériences publiques, en expliquant comment il a pris d'extrêmes précautions pour que ses récipients pleins d'eau soient à l'abri des germes présents dans l'atmosphère. Quand de l'eau que l'on a soigneusement fait bouillir pour y tuer les germes présents est laissée au contact de l'air pendant des jours, pendant même des semaines, pourvu que ce soit par une tubulure « en col de cygne », rien n'apparaît dans l'eau, qui reste transparente, sans le moindre animal ou végétal microscopique. La tubulure deux fois recourbée permet le contact avec l'atmosphère, mais empêche les germes présents dans l'air d'atteindre le liquide. Mais si le col de cygne est remplacé par une simple tubulure droite, il ne faut pas longtemps pour voir le liquide se troubler et pour constater au microscope qu'il s'y est développé toute une faune et toute une flore de petits êtres, d'ailleurs d'une grande diversité.

Le 7 avril 1864, Louis Pasteur prononce une grande conférence à la Sorbonne, démontrant devant un public passionné l'inexistence de la génération spontanée.

Le 20 février 1865, l'Académie des sciences de Paris se réunit et passe au vote. L'Académie confirme sa position antérieure et décrète que la génération spontanée n'existe pas.

L'erreur de Pouchet est dénoncée.

Bien sûr, nous pourrions poursuivre notre histoire. D'abord, Pouchet ne s'avoue pas vaincu, mais la sentence de l'Académie a un poids considérable et il n'est plus en mesure d'imposer son point de vue. Ensuite, l'histoire des recherches sur l'origine de la vie ne s'arrête pas le 20 février 1865. On pourrait même dire, mais ce serait une grossière bévue, qu'en somme Pouchet avait raison, puisque la biologie du XXIe siècle, devenue « biologie moléculaire », considère comme tout à fait possible que la vie naisse de la matière inanimée. Il faut même qu'il en soit ainsi, puisque la vie existe sur Terre. Elle a dû naître un jour !

Mais ce n'est pas tout à fait à ce niveau que se situe l'erreur de Pouchet. Il a cru, il a été convaincu, que la vie – du moins la vie microscopique – peut naître dans de l'eau à laquelle il ajoutait un peu de foin. Il a mis au point des expériences, d'ailleurs bien conçues, mais il a totalement sous-évalué la présence de germes – de microbes – dans l'air atmosphérique. Pasteur a tout de suite vu la faille. C'est qu'il s'y connaissait, en germes ! Il va d'ailleurs les étudier, pendant tout le restant de sa vie, et découvrir non seulement que ces germes abondent dans l'atmosphère, mais encore que de nombreuses espèces de ces germes sont dangereusement pathogènes. Il va ainsi proposer sa théorie des germes comme responsables des maladies infectieuses (en 1878) et il va révolutionner la médecine.

Le pouchetisme est oublié. Le pasteurisme, depuis le XIXe siècle, selon une formule populaire, « a sauvé d'innombrables vies humaines ».

Parmi toutes les « erreurs de la science », la rencontre entre Pasteur (qui s'est fait un nom grâce à de nombreuses découvertes chimiques et médicales majeures) et Pouchet (dont le nom reste dans les annales de la recherche scientifique comme celui de l'auteur d'une bévue magistrale) me semble tout à fait exemplaire. La même expérience, conçue avec intelligence, mais interprétée de manière diamétralement opposée par deux hommes. Deux hommes, deux incontestables savants, mais qui sur une question essentielle se posent en adversaires acharnés et irréconciliables.

Pourquoi ?

La différence ne peut résider que dans ces deux hommes, dans ces deux esprits, dans ces deux cerveaux avec leurs annexes nerveuses. Car l'un a vu juste. Et parce que l'autre s'est trompé.

Il serait puéril de tenir compte du fait que Félix Pouchet est né à Rouen et que Louis Pasteur est né à Dole, dans le Jura. Encore que l'on ne puisse pas nier que deux lieux différents forment deux hommes différemment.

Il est peut-être plus proche de la vérité (inatteignable, car comment savoir ce qui s'est vraiment passé dans ces deux cerveaux ?) de considérer que Pouchet naît en 1800 et Pasteur en 1822. Les deux hommes ont, en 1864, respectivement 64 et 42 ans, l'un est près de devenir un vieillard, l'autre est en pleine force de l'âge. La controverse de la génération spontanée serait alors un exemple de conflit des générations ? Ce n'est pas à écarter. Pouchet a fait ses études supérieures vers 1820. Pasteur les a faites autour de l'an 1842. Or, à cette époque, la science évolue très vite et ce qui s'enseignait en 1842 était très différent de ce qui s'enseignait en 1820. Une des grandes différences, c'est la théorie cellulaire de Théodore Schwann, qui n'est connue qu'à partir de 1839. Cela n'a-t-il pas suffi à faire la différence, entre un homme déjà imprégné de l'idée que toute cellule vivante vient d'une cellule vivante et un autre qui n'a pas rencontré cette idée dans sa jeunesse ?

Reste un fait qui distingue Pouchet de Pasteur. Pouchet est un médecin, un zoologiste et un botaniste. Il a appris à observer les malades, les animaux et les plantes. Pasteur est un chimiste, il a appris à concevoir des expériences de laboratoire, à réaliser des expériences, à interpréter des expériences.

Alors ? Pouchet s'est trompé face à Pasteur, parce qu'il était moins bien formé pour mener des expérimentations ? Ce n'est qu'une hypothèse, et je le répète, on n'en saura jamais rien. Même l'étude approfondie des archives que nous possédons de ces deux hommes ne permettrait pas de trancher, car il est peu vraisemblable de trouver dans les écrits de ces deux protagonistes la preuve irréfutable que Pouchet s'est trompé pour telle ou telle raison. Mais le fait est qu'il s'est montré moins bon expérimentateur que Pasteur. Pour comprendre l'importance de cette différence, il faut avoir fait des manipulations dans un laboratoire. Il est bien plus difficile de manipuler des fioles de liquides et des tubes à essai que des idées…

Nous pouvons tout de même tirer une conclusion. Pouchet s'est trompé. Un homme s'est trompé. Quand « la science se trompe », c'est toujours, forcément, le fait d'un homme ou d'un groupe d'hommes. Ce n'est jamais « la science » qui se trompe, mais c'est toujours un homme qui fait une erreur.

Une remarque de psychologie ordinaire, encore. En lisant l'histoire de Pouchet et de Pasteur, n'est-on pas étonné, stupéfait même, que Pouchet n'ait pas, à l'un ou l'autre moment de la controverse, reconnu son erreur ? Pourquoi n'a-t-il pas sérieusement réfléchi aux arguments de Pasteur ? Pourquoi n'a-t-il pas admis les failles de ses essais, mises en évidence par Pasteur et comprises par les nombreux savants qui se sont intéressés à la polémique ? Pourquoi n'est-il pas passé de sa certitude à l'inquiétude, de l'inquiétude au doute et, finalement, du doute à l'acceptation simple de son erreur ? Voilà un homme intelligent et instruit, savant même, jouissant d'une excellente position sociale, qui a déjà derrière lui la précieuse expérience d'un âge avancé, qui fait une expérience, à qui un collègue montre que l'expérience est bonne mais que l'interprétation en est erronée et qui est incapable de reconnaître qu'il s'est trompé ! Comment est-ce possible ?

Hélas, c'est assez clair. La passion altère le jugement, la passion d'avoir raison déforce la raison, la foi – car, chez Pouchet, c'est devenu une foi véritable – obscurcit l'intelligence. Le fait ne s'est pas passé qu'en France, autour de l'an 1864.

Et il ne concerne pas uniquement la biologie !

La loi des octaves

Voici maintenant l'erreur commise par un très honorable chimiste londonien, John Alexander Reina Newlands (1837-1898). À vrai dire, ce n'est pas vraiment une erreur de chimie, c'est plutôt ce que l'on appellerait aujourd'hui une erreur de communication. Le résultat ne porte guère à conséquence : la chimie n'a pas cessé de progresser, malgré Newlands. Mais celui-ci est passé à côté de la célébrité.

Car, aujourd'hui, qui sait encore que Newlands a découvert la périodicité des propriétés physico-chimiques des éléments, quelques années avant l'illustre Dimitri Mendéléev (1834-1907) ?

L'histoire est courte, mais bonne. Elle nous rappelle le « pouvoir des mots ».

Donc, en 1863, John A.R. Newlands est un jeune spécialiste des analyses chimiques de vingt-six ans. Il a déjà rendu quelques services à l'industrie sucrière et il réfléchit à toutes ces substances que l'on conserve dans d'innombrables bocaux et bouteilles dans les laboratoires. Il est parfaitement au courant des travaux de ses collègues. En particulier, il suit avec intérêt, en lisant régulièrement les revues scientifiques anglaises et étrangères, les recherches en vue de trouver de nouveaux éléments. Nous avons déjà dit que ce fut une quête qui mobilisa de nombreux chercheurs tout au long du XIXe siècle et, encore, au cours du XXe. Et plus particulièrement encore, J.A.R. Newlands savait que les chimistes mesuraient, avec une précision de plus en plus poussée, les « poids atomiques » de ces éléments.

Cette idée de poids atomique avait été lancée par un autre Anglais, John Dalton (1766-1844), lors d'une conférence mémorable faite à la Literary and Philosophical Society, à Manchester, le 21 octobre 1803. C'est une idée fort simple ou, plutôt, il s'agit de deux idées. La première, c'est que la matière est formée d'atomes. Cela n'est pas vraiment nouveau, l'idée remonte au Grec Démocrite, à la fin du Ve siècle avant Jésus-Christ, elle était bien connue des chimistes, mais n'était pas admise par tous. Ce qui est vraiment nouveau dans l'exposé de Dalton à Manchester, c'est qu'il montre qu'il est possible, si on admet l'existence des atomes, d'en déterminer les poids, du moins les poids relatifs. Il ne s'agit pas d'une mesure directe des poids des atomes, car il n'existe pas à l'époque de balance assez sensible pour peser les plus petites particules de matière que l'on puisse concevoir, mais il s'agit de mesures indirectes.

Et donc, en 1863, quand Newlands réfléchit, l'hypothèse atomique de Dalton est admise par une grande majorité de chimistes et on connaît les poids atomiques (on dit aussi « équivalents ») de la plupart des éléments. On sait ainsi que, si l'on prend le poids atomique de l'hydrogène comme unité, le poids atomique de l'oxygène vaut 16, celui du soufre 32, celui de l'uranium 238. On écrit cela, très commodément, comme suit :

$$H = 1 \; ; O = 16 \; ; S = 32 \; ; U = 238$$

On sait donc que les éléments diffèrent notamment parce que leurs atomes sont plus ou moins lourds. L'élément le plus léger connu est l'hydrogène (c'est, en effet, un gaz beaucoup moins dense que l'air) et le plus lourd est l'uranium.

Et voici la découverte de Newlands. Quand il examine les poids atomiques (ou équivalents) des divers éléments connus, il constate des relations tout à fait remarquables entre les poids atomiques des éléments chimiquement semblables. Il publie « *On relations among the equivalents* », dans le périodique britannique *Chemical News and Journal of physical science*, livraison du 27 février 1863.

Il réunit les éléments en 11 groupes. Voici comment il a constitué le premier. Il s'agit de six éléments très semblables, que l'on appelle les métaux « alcalins » (parce qu'on les extrait des « alcalis »), qui sont le lithium (Li), le sodium (Na), le potassium (K), le rubidium (Rb), le césium (Cs) et le thallium (Tl). Ces six éléments ont vraiment un air de famille très convainquant. Leurs poids atomiques ou équivalents valent respectivement 7 (Li), 23 (Na), 39 (K), 85 (Rb), 123 (Cs), 204 (Tl). Et Newlands constate les relations suivantes entre les équivalents :

Li + K	= 7 + 1 × 39	= 46 = 2 × 2	= 2 × Na
Li + 2 × K	= 7 + 2 × 39	= 85	= Rb
Li + 3 × K	= 7 + 3 × 39	= 124	≈ Cs
Li + 4 × K	= 7 + 4 × 39	= 163	
Li + 5 × K	= 7 + 5 × 39	= 202	≈ Tl

Ces relations sont tout à fait remarquables.

Nous retrouvons ici exactement la démarche intellectuelle de l'astronome allemand Bode. On a un tableau de nombres (distances des planètes, poids des atomes…) et l'on cherche si ces nombres ne sont pas reliés par des relations arithmétiques simples.

De même que Bode avait déduit de ses résultats l'existence d'une planète entre Mars et Jupiter, Newlands constate que son quatrième calcul (Li + 4 × K) le conduit à une valeur ne correspondant à aucun métal alcalin connu. Il n'hésite pas à conclure. C'est évidemment parce que le groupe contient un élément *que l'on n'a pas encore découvert...*

Les autres groupes montrent des relations analogues.

En 1864, Newlands publie encore deux articles où il approfondit la question, toujours dans la revue *Chemical News and Journal of physical science* : « *Relations between equivalents* » et « *On relations among the equivalents* ». Il poursuit ses recherches. En 1865, il publie « *On the cause of numerical relations among the equivalents* » et « *On the law of octaves* », toujours dans les *Chemical News.*

Je sais que cette énumération de titres d'articles présente quelque chose de fastidieux, mais il est important de bien comprendre comment « fonctionne » la science. Dès qu'un chercheur (pas uniquement en chimie) obtient un résultat qu'il juge intéressant, il le fait connaître *au monde entier* par le truchement d'un article dans un périodique. C'est beaucoup plus rapide que l'édition d'un livre et, surtout, l'auteur est presque certain d'être lu. Car les grandes bibliothèques, à Londres, à Paris, à Berlin et en bien d'autres villes – dans les pays où il existe un enseignement scientifique et une recherche scientifique – sont abonnées aux revues principales, alors qu'elles n'achètent évidemment pas tous les livres qui paraissent.

Le premier article de Newlands date du 7 février 1863, celui où il présente sa « loi des octaves » est daté du 18 août 1865. Il n'a fallu que deux ans au chimiste anglais pour qu'il confirme que sa découverte est bien une loi et pour qu'il désigne celle-ci par cette expression « loi des octaves ».

Expression malheureuse s'il en fut !

Voici comment, par ordre des poids atomiques croissants, Newlands dispose les éléments connus dans un tableau. Le nombre indiqué pour chaque élément n'est pas son poids atomique, mais son numéro d'ordre dans le tableau.

01 H	08 F	15 Cl	22 Co/Ni	29 Br	36 Pd	42 I	50 Pt/Ir
02 Li	09 Na	16 K	23 Cu	30 Rb	37 Ag	44 Cs	51 Tl
03 G	10 Mg	17 Ca	25 Zn	31 Sr	38 Cd	45 Ba	54 Pb
04 Bo	11 Al	19 Cr	24 Y	33 Ce/La	40 U	46 Ta	56 Th
05 C	12 Si	18 Ti	26 In	32 Zr	39 Sn	47 W	52 Hg
06 N	13 P	20 Mn	27 As	34 Di/Mo	41 Sb	48 Nb	55 Bi
07 O	14 S	21 Fe	28 Se	35 Ro/Ru	43 Te	49 Au	51 Os

Le tableau comporte 56 cases, mais contient 61 éléments, car il y a cinq cases où Newlands a estimé devoir placer deux éléments très semblables, par exemple le cobalt et le nickel, à la case numéro 22.

Voyons ce que le tableau nous apprend. Parcourons-le colonne par colonne, de haut en bas et de gauche à droite. Les sept premiers éléments n'ont guère de caractères en commun, mais quand on arrive au n° 9, le sodium, on constate qu'il se trouve sur la même ligne que le n° 2, le lithium, et nous savons que ces deux métaux sont des alcalins ! Le n° 10, le magnésium, est sur la même ligne que le glucinium (ou béryllium) et il y a en effet certaines analogies entre ces deux éléments. Le n° 11, l'aluminium, présente aussi quelques similitudes avec le bore.

Dans le tableau, les éléments d'une même ligne ont un air de famille. Mais poursuivons. En arrivant au n° 24, qui est l'yttrium, Newlands constate qu'il est sur la ligne du magnésium, alors que l'yttrium ressemble plutôt à l'aluminium. Quant au n° 25, qui est le zinc, il est sur la ligne de l'aluminium, mais il devrait, de par ses propriétés, être plutôt sur la ligne du magnésium. Newlands intervertit donc les éléments 24 et 25, pour assurer la cohérence de son tableau. Il le fera encore pour les éléments 32 et 33, 39 et 40, 42 et 43, et dans la dernière colonne.

Ce que nous venons de constater – l'analogie entre les éléments d'une même ligne –, Newlands l'exprime comme suit : « *the numbers of analogous elements generally differ either by 7 or by some multiple of seven.* »

C'est comme s'il y avait une répétition tous les 8 éléments, comme dans la gamme musicale. J.A.R. Newlands pense qu'il a découvert ce qu'il appelle loi des octaves. Cela ne se révélera pas être une très bonne idée ! C'est même une profonde erreur. Les chimistes vont se demander ce que le solfège et la musique viennent faire dans la classification des éléments chimiques, et la découverte de Newlands – car découverte il y a – ne sera pas prise au sérieux par ses contemporains.

À vrai dire, si l'allusion aux octaves du solfège est malencontreuse, il faut quand même dire que, même baptisée autrement, la loi de Newlands n'était pas correcte. Les relations entre les poids atomiques n'ont pas plus de sens que les relations entre les distances des planètes dans la loi de Bode. Cependant, si la théorie de Newlands est à la fois mal nommée et fausse, elle comporte quand même une idée excessivement intéressante. L'idée que l'on puisse disposer tous les éléments chimiques dans un tableau et que les éléments aux propriétés semblables se trouvent proches – dans une même ligne ou une même colonne, selon la disposition du tableau.

En 1866, Newlands publie encore deux articles sur sa loi des octaves dans les *Chemical News*.

L'idée sera reprise, ou découverte, par le Russe Dimitri Mendéléev en 1869. Sa note « Les relations entre les propriétés des éléments et leurs poids atomiques » sera présentée à la Société de Chimie de Russie le 6 mars.

Newlands sera ignoré. Mendéléev sera connu, reconnu, adulé. Dans toutes les salles du monde où l'on enseigne la chimie, le « tableau périodique des éléments chimiques de

Mendéléev » se trouve affiché en bonne place. Le fait est que son tableau était meilleur que celui de Newlands. Mais le fait est que Newlands avait mis le doigt sur la périodicité des propriétés des éléments.

On pense bien que J.A.R. Newlands sera meurtri quand, après avoir essuyé les quolibets de ses collègues, il prendra connaissance des travaux de son concurrent russe et, surtout, quand il constatera la notoriété sans cesse grandissante de celui-ci.

En 1878, il tentera de faire admettre l'antériorité de ses travaux dans un article « *On the periodic law* », publié par les *Chemical News*.

Il fera un dernier effort pour être reconnu en 1884, dans une brochure intitulée *On the discovery of the periodic law, & on the relation among the atomic weights*, publiée chez Spon, à Londres.

Mais on oubliera Newlands.

Le chimiste n'avait pas bien apprécié le pouvoir des mots.

Les rayons de Monsieur Blondlot

En 1885, deux physiciens de Nancy, Ernest Bichat (1845-1905) et René Blondlot (1849-1930), publient un excellent manuel : *Introduction à l'étude de l'électricité statique*, à Paris, chez Gauthier-Villars, un des plus importants éditeurs d'ouvrages scientifiques. Les auteurs sont tous les deux professeurs de physique à l'Université de Nancy. Ils ont particulièrement développé leur réflexion dans le domaine de la physique expérimentale, et deviennent d'excellents méthodologistes de l'expérimentation physique. C'est que les expériences que font les physiciens sont de plus en plus délicates, mettant en œuvre des instruments de plus en plus complexes, comme ces spectroscopes dont nous avons vu que les chimistes se servaient pour la recherche de nouveaux éléments.

Le 30 juin 1902, l'aventure commence. Elle sera passionnante ! René Blondlot publie un article « Action des rayons X sur de très petites étincelles électriques » dans les *Comptes rendus de l'Académie des sciences*.

Où en est-on, en science, en 1902 ?

Nous avons déjà signalé la rivalité franco-allemande. Elle fait partie de l'ambiance, mais il ne faut pas exagérer. Ce n'est pas ce qui préoccupe le plus les savants d'il y a un siècle. Nous avons aussi dit que les astronomes s'interrogent sur les Martiens. Là aussi, n'exagérons pas. La plupart des savants ne voient dans cette hypothèse martienne qu'une naïveté. Mais la grande affaire, ce sont les rayons !

Cela nécessite un mot d'explication.

Nous avons vu que les Anciens croyaient que le monde est formé de feu, de terre, d'eau et d'air. Et bien, en somme, ils avaient raison ! Tout à fait raison. Les physiciens et les chimistes, en 1902, se basant maintenant sur d'innombrables expériences faites à l'aide d'instruments de plus en plus sophistiqués, savent que l'Univers n'est composé que de matière et de rayonnement. Et la matière se présente sous trois « états », solide, liquide et gazeux, ce qui au fait correspond à terre-eau-air. Quant au rayonnement, c'est la lumière, que l'on peut aussi bien appeler le feu !

Évidemment, c'est un peu plus compliqué. Les chimistes ont montré, parfois comme on l'a vu avec un excès d'enthousiasme, que la matière est faite non pas de trois ou quatre éléments mais de plus de 90 éléments : l'hydrogène, l'hélium, le lithium, le béryllium, etc. Quant au rayonnement, il y a la lumière, bien sûr, un rayonnement que l'homme connaît depuis toujours, depuis qu'il a fait la distinction entre la nuit et le jour. Mais il y en a d'autres. Au début du XIXe siècle, on avait découvert que la lumière provenant des sources lumineuses (Soleil, flammes…) comporte des rayons visibles (d'ailleurs de diverses couleurs) mais aussi des rayons invisibles, les rayons infrarouges et les rayons ultraviolets. Bref, trois rayonnements : visible, IR, UV. En 1869, l'Allemand Wilhelm Hittorf (1824-1914) découvre les « *Glimmstrahlen* », qui seront nommés « rayons cathodiques » par un autre Allemand, Eugen Goldstein (1850-1930), en 1886. Qui d'ailleurs, en cette année 1886, découvre un rayonnement assez semblable mais bien distinct, les « rayons canaux ». En 1888, Heinrich Hertz (1857-1894), professeur à l'École supérieure technique de Karlsruhe, découvre les ondes radio-électriques, qu'on appellera aussi les rayons « hertziens ». En 1895, Wilhelm Röntgen (1845-1923), encore un physicien allemand, découvre un tout nouveau phénomène, qu'il appelle les « rayons X ». En 1896, le Français Henri Becquerel (1852-1908) découvre les « rayons uraniques », émis par l'uranium. En 1902, le Britannique Ernest Rutherford (1871-1937) découvre que ces rayons uraniques sont en réalité formés de deux constituants distincts, les « rayons alpha » et les « rayons bêta ».

Donc, si je compte bien, il y a dans la nature au moins neuf types de radiations. Les rayons visibles, IR, UV, cathodiques, canaux, hertziens, X, alpha et bêta. Et les six derniers ont été découverts entre 1869 et 1902, en à peine trois décennies !

Les physiciens sont très excités par tous ces rayons, car leur comportement est assez déroutant. Et les propriétés de certains rayonnements sont d'un prodigieux intérêt. Grâce aux rayons hertziens, on met au point la TSF, téléphonie sans fil, et l'on commence déjà à parler de télévision… Grâce aux rayons X, les médecins ont mis au point la radiographie et la radiothérapie.

On comprend donc que René Blondlot – revenons à Nancy, où notre histoire commence – s'intéresse aux rayons X et on comprend qu'en bon expérimentateur il fasse des expériences.

Il découvre un nouveau phénomène, que les responsables de l'Académie des sciences jugent suffisamment important pour mériter une publication dans les *Comptes rendus*. C'est heureusement assez simple. Blondlot constate que l'éclat, la luminosité d'une étincelle électrique augmente quand elle est soumise à l'action de rayons X. Vous pouvez refaire l'expérience dans votre cuisine, si vous disposez d'une source de rayons X (un tube cathodique), de deux fils de cuivre et d'une source suffisante d'électricité. Vous approchez les extrémités des fils de cuivre de manière à ce qu'ils ne soient séparés que par une très petite distance, de l'ordre du millimètre. Si vos fils sont reliés à une source de courant adéquate, vous verrez des étincelles crépitantes. L'expérience est vraiment facile ! Maintenant, vous regardez bien l'étincelle et vous allumez le tube cathodique. Les rayons X sont invisibles, mais vous voyez quelque chose : l'étincelle est devenue plus lumineuse. Vous coupez l'alimentation électrique du tube. Il n'y a plus de rayons X. Vous voyez que l'intensité lumineuse de l'étincelle est revenue à ce qu'elle était au début de l'expérience. Je vous ai dit que la science expérimentale est devenue difficile, et c'est bien vrai, mais il y a quand même des observations à faire qui sont finalement très simples. Il suffit d'avoir un tube cathodique. Appareil que l'on pouvait se procurer très facilement en 1902.

Bien. Et alors ? Blondlot réfléchit. Il a trouvé quelque chose. Il faut donc poursuivre les investigations dans ce sens.

Le physicien nancéen connaît les travaux de ses collègues et il sait, notamment, que personne n'est encore parvenu à observer des phénomènes de polarisation avec les rayons X, alors que la polarisation de la lumière est bien connue. Je ne peux pas, cela nous mènerait trop loin, expliquer en détail ce qu'est la polarisation. Je dirai, de manière volontairement simpliste, qu'une radiation est polarisée si ses effets ne sont pas identiques dans les différentes directions de l'espace perpendiculaires à la direction de propagation. Dans le cas de la lumière, on peut obtenir une polarisation en faisant passer un rayon lumineux au travers d'une substance telle que l'eau sucrée ou certains cristaux, substances évidemment qualifiées de « polarisantes ». Sachant cela, Blondlot se dit que, si les rayons X sont polarisés, le problème est de le constater. Peut-être l'effet augmentateur de l'éclat de l'étincelle sera-t-il plus ou moins intense selon que l'étincelle est disposée différemment par rapport à la direction de propagation des rayons X. L'expérience est facile.

Blondlot observe. Et en effet, en bon observateur qu'il est, il parvient à déceler les faibles variations d'intensité lumineuse de son étincelle quand il fait tourner la source de rayons X. Il rédige le rapport de son expérience, qui deviendra un article dans les *Comptes rendus*, paraissant le 2 février 1903 : « Sur la polarisation des rayons X ».

On pense bien que Blondlot ne s'est pas contenté d'une seule expérience ni d'une seule réflexion. Il a fait et refait son expérience, en positionnant de toutes les manières possibles son étincelle par rapport à son tube à rayons X. Et il réfléchit à ce qui se passe. Et il comprend ! Il s'est trompé ! Il a voulu aller trop vite. Ce ne sont pas les rayons X qui sont polarisés et qui influencent l'éclat de l'étincelle. En réalité, l'émetteur de rayons X est en même temps émetteur d'un rayonnement encore inconnu, que personne encore n'avait observé ni même soupçonné, une nouvelle lumière, dont Blondlot va révéler l'existence dans un nouvel article : « Sur une nouvelle espèce de lumière », dans les *Comptes rendus* du 23 mars 1903. On peut imaginer dans quel état de glorieuse excitation le professeur poursuit ses expériences, les effectue devant ses collègues, en parle à ses élèves. Il multiplie les observations, accumule les résultats, dont il publie l'essentiel, toujours dans les *Comptes rendus de l'Académie des sciences*. Le 11 mai 1903, il publie « Sur l'existence, dans les radiations émises par un bec Auer, de rayons traversant les métaux, le bois, etc. ». Le 25 mai 1903, il publie « Sur de nouvelles sources de radiations susceptibles de traverser les métaux, le bois, etc., et sur de nouvelles actions produites par ces radiations ». C'est dans cet article qu'il propose d'appeler le nouveau rayonnement les « rayons n », en l'honneur de la ville de Nancy.

Blondlot publie encore, notamment ses résultats de mesure de la longueur d'onde des rayons n. Je ne vais pas citer tous les textes. Je note, entre autres, du 20 juillet 1903, « Sur une nouvelle action produite par les rayons n et sur plusieurs faits relatifs à ces radiations », et du 9 novembre 1903, « Sur l'emmagasinement des rayons n par certains corps ». Ce dernier article expose que Blondlot a découvert que le sulfure de calcium possède la propriété d'emmagasiner les nouveaux rayons. Par contre, le physicien constate que l'aluminium, la paraffine, le bois et le papier n'emmagasinent pas les rayons de façon perceptible.

Le 14 décembre 1903, Augustin Charpentier publie « Émission de rayons n (rayons de Blondlot) par l'organisme humain, spécialement par les muscles et par les nerfs », dans les *Comptes rendus*. Charpentier est un collègue et ami de Blondlot. Il n'est pas physicien mais médecin. Il enseigne la physique médicale à l'Université de Nancy. Son ami Blondlot lui a appris à observer les rayons n et il entreprend des observations cliniques. Le résultat est encourageant : le corps humain émet des rayons n ! Ces rayons découverts à Nancy pourraient peut-être même constituer un des phénomènes fondamentaux de la vie ! Charpentier poursuit donc ses travaux avec ferveur. Il peut rapidement publier de nouveaux résultats, le 28 décembre 1903, dans les *Comptes rendus* : « Nouveaux faits sur les rayons n d'origine physiologique ; localisations nerveuses ».

On comprend que d'autres physiciens, que d'autres médecins vont se mettre à étudier les rayons n, qu'en 1904 on appellera plutôt les rayons N. Ils méritent bien une majuscule.

Le 11 janvier 1904, Édouard Meyer, un biologiste collègue de Charpentier à Nancy, qui a étudié à son tour le nouveau rayonnement, publie « Émission de rayons N par les végétaux » dans les *Comptes rendus*. Il constate que les plantes émettent plus ou moins de rayons N, « en fonction de leur activité nutritive ou de leur évolution ».

Le 25 janvier, Charpentier fait le point sur ses « Recherches sur les rayons N dans l'organisme », dans un numéro des *Archives d'électricité médicale*.

Le 8 février, Ernest Bichat publie « Sur le mécanisme de la transmission des rayons N par des fils de différentes substances », dans les *Comptes rendus*. Il a découvert et étudié avec un soin tout particulier la conduction des rayons par divers matériaux. Le cuivre, l'aluminium, le zinc et le verre sont conducteurs des rayons N. Mais le plomb ne transmet pas les rayons de Nancy.

Augustin Charpentier va poursuivre ses travaux et ses publications, notamment avec son collègue Édouard Meyer. Les deux chercheurs vont par exemple découvrir que les organismes vivants émettent des rayons N, mais aussi des rayons N1, dont l'activité sur les étincelles (et aussi sur les substances fluorescentes) est antagoniste. Les rayons N augmentent l'éclat des étincelles, les rayons N1 le diminuent.

Blondlot poursuit aussi ses travaux. Il parvient à mettre au point une méthode de détection de ses rayons qui ne dépend plus directement de l'œil humain, en parvenant à photographier les étincelles soumises aux rayons. C'est une avancée vraiment importante : les rayons N sont « objectivés », leur observation ne dépend plus de la sensibilité de l'œil de l'observateur. Cette étape importante dans l'étude des rayons N est datée du 22 février 1904, l'article des *Comptes rendus* étant intitulé : « Enregistrement, au moyen de la photographie, de l'action produite par les rayons N sur une petite étincelle électrique ». Dans la même livraison de la publication de l'Académie, Gilbert Ballet fait paraître sa note « De l'émission des rayons N dans quelques cas pathologiques (myopathies, névrites, poliomyélites de l'enfance, paraplégie spasmodique, hémiplégies par lésions cérébrales, paralysies hystériques) ». Sa conclusion est intéressante pour les pathologistes.

« Il y a diminution d'émission des rayons N au niveau des muscles paralysés ou atrophiés. » Le 29 février, H. Bagard a fait une nouvelle découverte, objet de sa communication « Sur la rotation magnétique du plan de polarisation des rayons N » dans les *Comptes rendus*.

Je ne peux pas citer toutes les publications. Mais je trouve intéressant de noter un article allemand, paru le 1er mars 1904, dû à Otto Lummer (1860-1925) : « *Beitrag zur Klärung der neuester Versuche von R. Blondlot über die N-Strahlen* » (Contribution à un éclaircissement sur les nouvelles expériences de R. Blondlot sur les rayons N), paraissant dans le *Physikalische Zeitschrift*. La conclusion de l'Allemand est assez curieuse : il n'est pas parvenu à reproduire les expériences de Blondlot.

En avril 1904, un jésuite belge, J.D. Lucas, un physicien qui enseigne à la Faculté Notre-Dame à Namur, publie une espèce de dossier sur les rayons N et les rayons N1 dans la *Revue des questions scientifiques*. Constatant que la physique connaît de plus en plus de rayons différents, il commence par un trait d'humour : « un peu irrespectueusement, on s'est demandé si les physiciens ne passaient pas par une crise de radiomanie. » Et le père jésuite, qui a commencé par l'humour, termine par la prudence : « nous ne pouvons songer à prendre position dans le débat soulevé autour des rayons N ». Car débat il y a. Les physiciens commencent à se poser le problème de l'existence des rayons N.

Mais les publications sur les rayons de Nancy se poursuivent et de plus en plus de physiciens ou de médecins participent à leur étude.

J'ai compté que, rien que dans les *Comptes rendus* de l'Académie, il y eut dans le volume 136 (premier semestre 1903) 6 articles consacrés aux nouveaux rayons. Dans le volume 137 (deuxième semestre 1903), j'en compte 9. Dans le volume 138 (premier semestre 1904), il y en a 53. Dans le volume 139 (deuxième semestre 1904), il y en a 10. Et bien sûr, il y a des articles dans bien d'autres revues.

Le 29 septembre 1904 paraît le numéro 1822 de la très prestigieuse revue scientifique britannique *Nature*. On y trouve un très bref article, intitulé « *The n-rays* », dû à Robert W. Wood (1868-1955), professeur de physique à l'Université de Baltimore. Le professeur américain, comme tous les physiciens du monde, était évidemment averti des travaux de Blondlot et il était fort impressionné par les rayons N. Il était lui-même un spécialiste des rayons ultraviolets. C'est lui qui avait inventé, en 1903, cette « lampe de Wood » émettant de la « lumière noire » (en fait, des UV) que l'on utilise pour obtenir de jolis effets dans les dancings et dans les discothèques. Mais, malgré toute sa dextérité d'expérimentateur, Wood ne parvenait pas à reproduire les expériences de Nancy. Il n'y a pas 36 solutions ! Il faut aller là même où les rayons N ont été découverts. Wood fait le voyage, il arrive à Nancy, il se présente à l'Université. Il rencontre Blondlot. En collègues, ils décident de refaire, à deux, les expériences. Tout va très bien. Blondlot « voit » ce qu'il doit voir, l'étincelle est plus faible maintenant, et maintenant elle est plus intense… Mais Wood commence à se douter de quelque chose. Les expériences se font évidemment dans une chambre noire, afin de bien percevoir les changements de luminosité des récepteurs de rayons N. Et Wood, profitant de l'obscurité, parvient à modifier les conditions expérimentales sans que Blondlot s'en aperçoive. Celui-ci continue à « voir » les effets des rayons N, alors que la source de rayons N a été déplacée ou occultée par un écran sensé être opaque aux rayons !

« *I am obliged to confess that I left the laboratory with a distinct feeling of depression* », conclura-t-il : « Je suis obligé d'admettre que j'ai quitté le laboratoire avec un net sentiment de dépression. » Quelle tristesse, en effet. Les rayons N… n'existent pas ! Et quelle plus grande tristesse encore : des physiciens de grande valeur, quelques médecins éminents, professeurs de faculté, ont vu, pendant presque deux ans, ont décrit avec force détail, ont même mesuré la longueur d'onde, de rayons… qui n'existent pas !

Il faut lire les livraisons de septembre, d'octobre et de novembre 1904 de la revue française *Le Radium*. Un jeune physicien, Michel Moulin, y expose dans trois articles successifs l'état de la question des rayons N. Dans les numéros de septembre et d'octobre, il est enthousiaste. Dans le numéro de novembre, il est bien forcé d'avouer son scepticisme et on sent bien qu'il regrette. C'était si beau ! Il conclut prudemment, ne prenant pas publiquement position : « j'ai cherché à exposer simplement les faits (…) désirant ne pas influencer le jugement du lecteur. »

En fait, en novembre 1904, tous les lecteurs de revues de physique ont compris : l'affaire des rayons N est une extraordinaire histoire d'illusion collective. Blondlot a voulu voir un nouveau rayonnement et il l'a vu. Il a pu convaincre ses collègues, peut-être trop heureux de découvrir un phénomène important, que n'avaient pas découvert les Parisiens ni même les Allemands !

L'histoire est finie. Les rayons N sont agonisants. Ils ne sont pas encore morts. Blondlot – qui a reçu pour sa découverte, de l'Académie des sciences de Paris, le prix Lecomte d'une valeur de 50 000 francs – ne veut pas avouer qu'il a été illusionné. Il continue, presque seul contre tous, à défendre les rayons de Nancy. Il a le soutien d'un éminent médecin, véritable pionnier de l'électricité médicale, Henry Bordier (1863-1942), qui prépare un ouvrage sur *Les rayons N et les rayons N1*, qui paraîtra en 1905. Mais les faits sont plus forts, du moins en physique, que la fidélité amicale. Le 12 décembre 1904, on voit paraître dans les *Comptes rendus hebdomadaires des séances de l'Académie des sciences* encore un article consacré aux fameux rayons. G. Weiss et Bull publient : « Sur l'enregistrement des rayons N par la photographie ». Leur conclusion est ferme et définitive, comme quand on se réveille d'un rêve : « dans aucun cas nous n'avons pu obtenir de résultat positif. » Et en 1905, le 9 janvier, les *Comptes rendus* publient encore, de M. Chanoz et M. Perrigot, « A propos d'une prétendue démonstration de l'existence des rayons N par la photographie d'écrans au sulfure de calcium insolé ». Les auteurs sont formels : les rayons N n'existent pas.

Ce sera le dernier article sur les rayons de Nancy paraissant dans les *Comptes rendus hebdomadaires des séances de l'Académie des sciences.* Plus jamais la prestigieuse revue scientifique n'imprimera quoi que ce soit sur les rayons N.

Ne voilà-t-il pas une bien belle histoire ?

Pour ma part, je me souviens fort bien que je l'ai découverte, avec un véritable ravissement, quand j'étais encore étudiant, en 1961 ou 1962, résumée dans un livre de Jean Rostand, *Science fausse et fausses sciences* (1958). Qui, judicieusement je crois, notait que « l'exégèse détaillée des erreurs n'est pas d'un moindre enseignement que celle des vérités ». C'est peut-être une justification du présent livre.

Je crois pouvoir dire que, pendant tout le développement de ma réflexion épistémologique, à aucun moment je n'ai oublié la mésaventure du professeur Blondlot, dont l'évocation me fut toujours comme un précieux garde-fou me préservant des conclusions hâtives et m'avertissant que les idées qui correspondent trop bien à ce que l'on espère sont fort souvent des idées fausses.

Ne quittons pas encore cette histoire des rayons qui n'existaient pas. En 1906, Henri Piéron (1881-1864), chef des travaux à l'École des Hautes Études, fait paraître dans *L'Année psychologique* un très bel article sur toute cette affaire : « Grandeur et décadence des rayons N ». De nombreux physiciens français, explique Piéron, « se refusaient à toute critique, adoptant d'ailleurs une attitude assez incompatible avec les exigences scientifiques, et relevant plus d'un universitaire que d'un physicien ». Le jugement est sévère : « aucun d'eux n'eut le courage ou la liberté d'esprit nécessaire pour dire franchement s'être trompé. »

Les rayons N ne préoccupent plus les physiciens, qui ont bien d'autres objets à observer – mais au fait, n'y a-t-il pas certaines illusions dans certaines observations contemporaines, où une expérience mobilise non plus deux ou trois chercheurs, mais des équipes de dizaines, parfois de centaines de spécialistes ?

Les rayons N – comme toutes les erreurs précédentes que j'ai signalées – concernent désormais le psychologue et le philosophe. Que vaut une vérité, quand elle est vécue dans la passion, ne serait-ce que dans la passion de l'amour-propre national ou de la ferveur religieuse ou de l'enthousiasme idéologique ?

Les rayons qui guérissent

Si l'erreur des rayons N est totalement imputable à l'illusion d'un seul homme, il est très difficile de désigner l'homme – ou la femme ? – qui est à l'origine de l'illusion des rayons qui guérissent, et d'ailleurs ce n'est pas tout à fait une illusion. L'histoire est effroyablement complexe. La question des rayons N n'a concerné que le très petit monde des physiciens, et même presque exclusivement celui des physiciens français, et n'a duré qu'environ deux ans. Facile de faire le tour du problème. La question des rayons qui guérissent, c'est-à-dire de l'utilisation de la radioactivité à des fins médicales, n'est pas terminée. Elle concerne non seulement les médecins du monde entier – et il y a beaucoup plus de médecins que de physiciens ! – mais en outre les physiciens, les ingénieurs, les industriels et même le grand public (la santé nous concerne tous…) et donc les journalistes.

C'est dire que la documentation, de 1896 à nos jours, est immense.

C'est dire que mon exposé n'est qu'un très bref résumé.

Mais, vous allez voir, ça vaut la peine !

Attention, je n'ai pas dit que tout est erreur dans le domaine de la radiothérapie, puisque c'est par ce terme que l'on désigne les traitements médicaux basés sur l'utilisation de rayons ionisants, rayons X ou rayonnements des corps radioactifs. Ce qui fut erroné, ce fut l'idée que les rayons pouvaient guérir presque *n'importe quoi* et n'importe comment…

Tout commence le 22 décembre 1895, à Wurzbourg, en Bavière. Dans son laboratoire de physique, Wilhelm Röntgen (je l'ai déjà cité) réalise une « radiographie » d'une main de sa femme Bertha. C'est que le physicien vient de faire une découverte époustouflante. Il a découvert le moyen de produire un rayonnement tout à fait étrange. Invisible mais capable d'activer une plaque photographique. Et surtout, ces nouveaux rayons sont capables de traverser la matière ! C'est pourquoi Röntgen a demandé la main de sa femme. Pour l'exposer à ses rayons et pour photographier l'image qui se forme. On distinguera nettement, dans cette image, le contour de la main et surtout les os de Bertha.

On se doute que, dès publication de cette étonnante expérience, tout le monde s'en émeut. Les physiciens d'abord, qui se demandent ce que peuvent bien être ces fameux et spectaculaires rayons X. Les médecins tout aussi vite, car ils comprennent immédiatement l'intérêt de pouvoir observer ce qui se passe à l'intérieur du corps d'un être humain vivant, sans devoir utiliser le scalpel. Et même le public, car l'idée de rayons qui traversent la matière paraît fantastique et parce que l'idée que l'on puisse voir dans le corps d'un homme en vie semble plus fantastique encore.

Le 5 janvier 1896 déjà, les journaux allemands *Die Presse* et *Frankfurter Zeitung* publient des radiophotographies de Röntgen. Le 7 janvier, c'est le *New York Times* qui imprime des images obtenues à l'aide de rayons X. Les journaux du monde entier suivront rapidement.

Jusqu'ici, pas d'erreur, pas l'ombre d'une erreur. Les rayons X existent. Ils constituent bien un phénomène physique nouveau, que personne n'avait observé avant Röntgen. Ils sont bien capables de traverser les substances les plus diverses, mais comme ils sont plus ou moins absorbés, ils permettent d'obtenir des images très intéressantes. Les os absorbent les rayons X plus que les tissus mous, d'où les radiophotographies ou radiographies. Ces radiographies sont, c'est l'évidence, effectivement d'un immense intérêt pour la médecine.

Donc, dès le tout début de l'année 1896, des physiciens produisent des rayons X dans leur laboratoire et tentent d'en comprendre la nature : est-ce une forme de lumière, est-ce un flux de particules formidablement petites, est-ce même une forme d'énergie encore tout à fait inconnue ? Et des médecins se procurent des tubes émetteurs de rayons X, pour étudier l'intérieur de leurs malades. Ils se rendent vite compte que l'examen radiographique des fractures est extrêmement utile, mais que bien d'autres situations pathologiques peuvent être étudiées grâce à la radiographie. Et des industriels commencent à produire des tubes à rayons X, car la demande augmente rapidement.

Donc, je le répète, pas la moindre erreur.

Le 29 janvier 1896, aux États-Unis, le docteur Emil H. Grubbé (1875-1960) irradie aux rayons X une malade atteinte d'un cancer du sein. Remarquons bien la date. Un mois ne s'est pas encore passé depuis l'annonce de la découverte des rayons X ! Et remarquons aussi que la découverte s'est faite en Allemagne et que l'application est imaginée aux USA. La condition de la malade s'améliore, ce qui intrigue fort le docteur Grubbé. Mais elle meurt à la suite de métastases.

Les rayons X seraient-ils capables de guérir du cancer ? Ou du moins d'améliorer la condition des cancéreux ?

On comprend que si les rayons X font le tour du monde, la nouvelle des observations de Grubbé fait le tour de la communauté internationale des médecins.

En mars 1896, un autre médecin américain, John Daniel (1861-1950), fait une autre découverte. Il a déjà eu le temps de réaliser des radiographies de nombreux patients et il a constaté que chez les sujets ayant subi de longues séances d'exposition aux rayons X les poils tombent dans la région exposée. Le lecteur du XXIe siècle est familiarisé avec la radiographie telle qu'on la pratique aujourd'hui dans les hôpitaux. Il doit savoir qu'en 1896, et pendant de longues années, la technique ne permettait pas d'obtenir de bons clichés aussi rapidement que maintenant. Il fallait de très longues minutes d'exposition aux rayons pour obtenir des images utilisables. Donc, John Daniel découvre un phénomène : l'épilation par les rayons X. Cela est très rapidement confirmé par de nombreux autres praticiens.

En juillet 1896, un Français, le docteur Victor Despeignes (1866-1937), à Lyon, entreprend de traiter un cancer de l'estomac par les rayons X. La condition du malade s'améliore quelque peu, mais le décès survient, inexorablement.

On ne peut toujours pas parler d'erreur. Les médecins savent bien qu'il faut du temps pour mettre au point une nouvelle thérapeutique.

En novembre 1896, un Autrichien, le docteur Leopold Freund (1868-1943), irradie aux rayons X une fillette de 4 ans affligée d'un naevus ou « grain de beauté ». La situation s'améliore très nettement.

Le 18 mars 1897, des médecins se réunissent à Londres, au 20, King William Street, en vue de fonder une association pour l'étude des rayons X. On commence à parler de radiothérapie.

Le 31 mai 1897, deux médecins signent un article paraissant dans les *Comptes rendus des séances de l'Académie des sciences*. Les auteurs sont Paul Richer et Albert Londe. Le titre est : « Sur des cas d'érythème radiographique des mains ».

Le 3 juin 1897, la Röntgen Society est créée à Londres, au 11, Chandos Street, dans les locaux de la Medical Society.

On voit comme les choses ont été vite. Je n'ai bien sûr pas mentionné tous les essais, toutes les réunions, toutes les conférences, tous les articles. Dès la mi-1897, les médecins du monde entier sont convaincus de l'intérêt, non seulement diagnostique, mais également thérapeutique des rayons X. Mais c'est alors que le drame se noue. La confiance dans la nouvelle méthode – notamment pour guérir le redoutable cancer – va aveugler certains. On va exagérer les bienfaits. On va minimiser les risques. Mais nous n'y sommes pas encore tout à fait.

Chez les physiciens, l'effervescence est aussi vive que chez les médecins, mais cela se fait plus à l'ombre, le public est peu intéressé et c'est dans le calme des laboratoires que les choses avancent.

En 1898, on ne sait toujours pas quelle est la nature exacte des rayons X. Mais on a beaucoup avancé. On a découvert que l'uranium et le thorium, des métaux très denses, émettent un rayonnement assez semblable aux rayons X. On a établi que tant les rayons X que les rayons uraniques sont « ionisants », c'est-à-dire qu'ils agissent sur la matière traversée en y faisant apparaître des ions, c'est-à-dire des particules ionisées. On a surtout découvert que l'émission de radiations ionisantes par l'uranium et le thorium est un phénomène nouveau, assez déroutant pour la physique, que l'on va appeler la radioactivité. Et le 26 décembre 1898, deux savants français, à Paris, Pierre Curie (1859-1906) et Marie Curie (1867-1934), découvrent un nouvel élément radioactif, qu'ils appellent le radium.

Sensation ! L'émotion est moins vive que lors de la découverte des rayons X, mais quand même le grand public est alerté. D'abord, la découverte est scientifiquement importante. Mais surtout – au point de vue du public – les deux savants sont des jeunes mariés ! Pierre Curie et Marie Sklodowska se sont unis le 25 juillet 1895. Un couple de savants, une femme savante, en 1898, c'est plutôt rare. Ajoutons à cela que Marie Sklodowska vient de Pologne, ce qui la rend « intéressante » aux yeux d'une presse que l'on ne qualifie pas encore de *people*, mais qui se passionne déjà pour ce genre de choses.

Marie Curie devient célèbre. Le radium est considéré comme un miracle. C'est en effet une source qui semble inépuisable de rayons ionisants. Et puis, la production du radium exige de véritables tours de force de laboratoire, ce qui rend la substance encore plus attrayante pour le grand public.

On constatera vite que les rayons du radium sont encore plus agissants que les rayons X sur les tissus vivants et, en particulier, sur les tumeurs cancéreuses. La radiothérapie va désormais comprendre deux techniques, la röntgen-thérapie, qui exploite les rayons X, et la radium-thérapie, qui utilise les rayons du radium.

Donnons encore quelques dates. Isolées au milieu d'un nombre de plus en plus grand d'événements.

En 1899, le médecin suédois Thor Stenbeck (1864-1914), à Stockholm, parvient à traiter victorieusement, aux rayons X, un cancer de la peau.

En 1904, Joseph Belot (1876-1953) fait paraître un ouvrage de 520 pages : *La radiothérapie. Son application aux affections cutanées*, chez G. Steinheil, à Paris. La même année paraît *Elements of general radiotherapy for practitioners*, un gros traité qui dépasse aussi les 500 pages, chez Riebman, à New York. Il est signé par le médecin autrichien Leopold Freund que nous avons déjà rencontré.

C'est aussi en 1904 qu'est lancée une nouvelle revue, *Le Radium*, fondée par Henri Farjas et Jacques Danne (1882-1919), à Paris. Elle est exclusivement réservée aux rayons ionisants et à leurs applications, scientifiques, industrielles, mais aussi médicales. On y trouve par exemple la matière d'une conférence donnée par le docteur Armand Darier (1854-1927) le 3 mai 1904 à la Faculté de médecine de Paris, sous le titre « Les applications médicales du radium ». Lisons quelques passages.

« Quand, pour la première fois, je parlai à M. Curie de mes *desiderata* d'obtenir pour mes applications médicales des intensités radioactives pour ainsi dire homéopathiques, il en fut tout d'abord surpris et esquissa un sourire sceptique qui lui était familier. Aujourd'hui, il est convaincu que les émanations du radium répandues dans l'air en quantités infinitésimales peuvent avoir sur l'organisme une influence très marquée. Certaines eaux minérales, certaines stations d'altitude ne devraient leur action thérapeutique qu'aux émanations radioactives dont on a pu y constater la présence (...).

Dernièrement, dans une longue conversation que j'eus avec Mme Curie, je lui faisais part de cette réflexion que sa magnifique découverte avait mis à néant la croyance que le cerveau féminin n'était pas l'égal de celui de l'homme, parce que jamais une femme, disait-on, n'avait fait une découverte, une œuvre créatrice qui la mît au rang du génie !

Elle me répondit avec une simplicité et une modestie admirables qu'elle n'avait aucun mérite personnel à cela, le hasard lui avait fait porter ses recherches sur un sujet très nouveau qui avait eu le don de passionner à un très haut point l'intérêt public (...). »

Cette considération sur les cerveaux masculins et féminins n'est pas tout à fait déplacée, car elle montre bien dans quelle mesure la célébrité du radium fut liée au fait qu'une femme avait contribué à sa découverte. Mais revenons aux applications médicales du nouveau métal. Le docteur Darier relate essentiellement deux faits. D'abord, le cas d'une dame atteinte de tumeurs malignes du bras jusqu'à la face. Après quinze séances d'exposition aux rayons X, les tumeurs ont disparu. La guérison a eu lieu neuf mois avant la conférence et la patiente se porte toujours très bien. Le deuxième cas est moins favorable. Une malade atteinte d'un cancéroïde de la paupière a subi des applications de poudre au radium. Cela eut une action analgésiante très remarquable, mais malheureusement le mal n'a pas cessé de se développer.

Et, toujours en 1904, la production industrielle de radium est entamée par Emile Armet de Lisle (1853-1928), avec la collaboration des époux Curie, à Nogent-sur-Marne.

En quelques années, le radium est passé du laboratoire à l'usine. Curiosité de physique, d'abord, il est devenu une matière commercialisable. Il n'y a plus qu'à lui trouver des débouchés et à faire savoir quelles sont ses applications. La revue *Le Radium* jouera un rôle très important dans la promotion du radium. Les applications les plus immédiatement évidentes sont les utilisations médicales. Qui va alors, du petit groupe des Français qui connaissent bien le radium – les Curie, leurs quelques collaborateurs et quelques hommes d'affaires avec lesquels ils ont mis au point la préparation du radium à l'échelle industrielle –, répandre l'idée que l'utilisation du radium est sans danger et, qu'au contraire, c'est un produit médicinal presque fabuleux, presque cette panacée universelle vainement recherchée par les alchimistes du Moyen Âge ?

Car voici maintenant l'erreur, dans toute sa force.

Bien sûr que les rayons du radium peuvent détruire les tumeurs cancéreuses. Et donc oui, la radium-thérapie est efficace. Mais ces rayons, justement parce qu'ils sont actifs sur les cellules vivantes, ont également des actions néfastes, extrêmement néfastes, que l'on ne va découvrir et comprendre que peu à peu. Pendant toute sa vie, Marie Curie minimisera ces « effets secondaires ». C'est là l'erreur, à laquelle Marie Curie a participé. Je ne peux d'ailleurs pas prétendre qu'elle est à l'origine de l'erreur, des historiens ont étudié les archives, ont analysé minutieusement la biographie de la physicienne, mais l'affaire est extrêmement complexe.

Du reste, dans ce petit livre, je ne cherche pas les coupables. Il me suffit de rappeler que la science ou plutôt que les scientifiques, parfois, se trompent.

Marie Curie et les membres de son entourage se sont indiscutablement trompés en minimisant les précautions à prendre en manipulant du radium ou d'autres sources de rayons ionisants.

Et l'on va voir apparaître, pendant plusieurs décennies, car il faudra longtemps pour vraiment comprendre les dangers de la radioactivité, toutes sortes d'annonces publicitaires pour toutes sortes de produits. Je n'ai pas fait le long relevé de ces annonces, dont nous nous rendons compte aujourd'hui à quel point elles étaient fantaisistes ou, plutôt, dangereuses.

Mais ne caricaturons point ! Tous les médecins ne vont pas succomber à la radium-mania. Bien au contraire. Nous avons déjà vu que si le docteur Darier a enregistré une guérison, il a aussi enregistré un échec. Le scepticisme était répandu chez de nombreux praticiens, ou en tout cas la prudence. Pas chez tous, apparemment. Voici un article, paru dans *Le Radium* en 1904, où le doute s'exprime clairement. Le docteur Jules Rehns, attaché à l'Institut Pasteur de Paris, passe en revue les applications médicales des radiations ionisantes. Il remarque notamment : « Du rôle de l'émanation, dont la présence, à l'état de traces, est à peu près universelle, sur les êtres vivants, il n'y a rien à dire que d'infiniment hypothétique jusqu'à présent. Quant à l'émanation du thorium et à ses bons effets dans la tuberculose pulmonaire ou les pharyngites hypertrophiques, ce sont faits curieux assurément, mais qui manquent de confirmation.

J'ai dit, à propos des rayons X, ce qu'il faut penser des soi-disant effets prodigieux du Radium en neuropathologie. Une étude patiente ne m'a guère montré qu'un effet constant, d'ailleurs inutilisable : c'est le réveil durable des sensibilités cutanées abolies chez les tabétiques. »

Je cite, dans le plus grand désordre et sans pouvoir dater avec précision l'apparition de ces étranges produits, la Crème Tho-Radia, embellissante et curative, du docteur Alfred Curie (un homonyme non apparenté à Pierre Curie) ; le Savon Tho-Radia et le Dentifrice Tho-Radia, à base de thorium, du même Curie ; les *Radium preparations* de la Radium Chemical Company de Pittsburgh, dont la réclame annonce qu'elles sont indiquées notamment en cas d'anémie simple ou pernicieuse, de néphrite, ou de tension artérielle trop élevée ; le *Radium Emanation Bath*, un sel de bain proposé par la société américaine DRS, Denver Radium Service. J'ai aussi trouvé, en feuilletant de vieux magazines d'avant la Seconde Guerre mondiale, le produit Omira, « cure de boisson radioactive pour la protection de l'organisme », la Tubéradine, « antiseptique pulmonaire radioactif », le Radol, « dépuratif à base de radium », le Septoradol, « antiseptique radioactif pour l'hygiène intime de la femme », le Métradol, « traitement radioactif combiné pour les maladies des femmes », la gamme Eler de « produits de beauté radioactifs », le Radione, dont l'étiquette est attirante : « *energy of radium* ». Il y eut aussi une laine radioactive, Oradium, « source de chaleur et de vitalité », évidemment « indispensable aux enfants, aux adultes, aux vieillards et aux malades ». Dans les années 1930, une firme allemande, Burk & Braun, a mis sur le marché du chocolat au radium, qui avait paraît-il la vertu de rajeunir les consommateurs. De la panacée universelle à l'élixir de longue vie, il n'y a qu'une phrase en plus à mettre sur l'étiquette.

À Claremore, en Oklahoma, on a vendu de la *Pure Radium Water*, sensée être un remède pour les rhumatismes, l'eczéma et les troubles digestifs.

Au début des années 1920, la société Radium Ore Revigator Company, à San Francisco, en Californie, propose à sa clientèle un appareil pour rendre l'eau radioactive. Il s'agissait d'un récipient contenant du minerai d'uranium. La consommation de l'eau ainsi radioactivée ne pouvait qu'être bonne pour la santé. Si je suis bien informé, l'appareil s'est vendu pendant un peu plus de dix ans...

Il ne s'agit pas ici de dénoncer toutes ces entreprises, ce n'est pas mon propos. Encore est-il intéressant de comparer l'engouement pour le radium et la radioactivité, entre 1904 et 1940, avec certains engouements actuels pour des substances au nom « scientifique », « pour maigrir » ou « contre le cholestérol », par exemple...

Ce qui est intéressant, c'est que toutes ces « innovations » résultent d'une fausse interprétation des propriétés thérapeutiques des rayonnements ionisants. Il faudrait aussi examiner dans quelle mesure Marie Curie n'a pas « laissé faire » et « laissé dire » avec une certaine complaisance. Je donne encore trois dates qui doivent faire réfléchir.

En 1907, fondation de la Société Nouvelle du Radium par Jacques Danne. La production se développe...

En 1909, fondation de l'Institut du Radium par Marie Curie à Paris, entre la rue d'Ulm et la rue Saint-Jacques.

En 1913, fondation de la Société Industrielle du Radium, par les frères Jacques et Gaston Danne à Gif-sur-Yvette.

Si l'on produit du radium, il faut le vendre. Non ?

Et encore une date, pour terminer.

En 1928, un Comité international de protection contre les rayonnements X et du radium est fondé à Stockholm.

L'immense – et parfaitement irrationnel – engouement pour la radioactivité salvatrice va (lentement) céder la place à une attention sérieuse des spécialistes des rayonnements pour en étudier les effets, bénéfiques ou maléfiques, sur la santé. En 1928… Il était temps !

La résistible ascension du Zénith

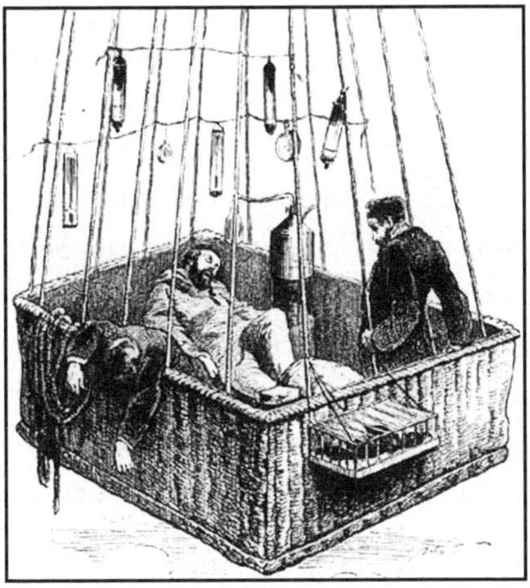

Vous le savez bien. Depuis Christophe Colomb (1492), depuis même Marco Polo (XIIIe siècle), les Européens ont organisé d'innombrables expéditions d'exploration, dont beaucoup avaient une motivation partiellement ou exclusivement scientifique. La géographie fait aussi partie de la science et il importe autant de connaître les paysages du centre de l'Afrique ou les neiges du Pôle Nord que de connaître les rayonnements du radium ou l'aspect de la planète Mars. Et vous savez tout aussi bien qu'un nombre important de ces expéditions ont plus ou moins échoué, soit que le but ne fut jamais atteint, soit que l'expédition ait péri, corps et biens, car les dangers sont nombreux : peuplades primitives hostiles, bêtes sauvages, maladies inconnues souvent mortelles. Mais l'on ne peut pas considérer ces échecs comme des « erreurs scientifiques », car l'échec est le risque normal de ce genre de voyages. Quand on va en terre inconnue, il est normal de rencontrer l'inconnu, y compris des dangers imprévus plus ou moins redoutables.

Je ne vais donc pas établir la longue liste des expéditions scientifiques qui ont plus ou moins mal tourné. Il en est une, cependant, dont l'issue fatale est clairement le résultat d'une erreur d'appréciation du risque. Ce ne fut pas une expédition sur terre, ni sur mer, mais dans les airs.

L'histoire commence le 16 août 1868. C'est la première fois que Gaston Tissandier s'élève en ballon. Il prendra goût à ces impressions peu communes quand on monte dans l'atmosphère et que l'on voit les paysages de plus en plus haut. C'est un jeune Parisien de vingt-cinq ans, il est né en 1843. Il décédera en 1899, fort jeune, à cinquante-six ans, mais après une vie bien remplie, comme nous verrons.

C'est un amateur d'impressions fortes, dans le domaine physique, mais aussi dans le domaine intellectuel. Il se passionne pour les voyages en ballon et pour tout ce qui les concerne, mais il s'intéresse aussi, avec ferveur, aux autres « applications » de la science, à une époque d'ailleurs où le public partage généralement cet intérêt, qui peut aller jusqu'à la fascination.

D'où la deuxième date de notre histoire, qui est le 7 juin 1873. Gaston Tissandier a trouvé sa voie professionnelle. Il va faire connaître les grandes avancées de la science et des techniques au grand public. Ce jour-là, sa publication *La Nature. Revue des sciences et de leurs applications aux arts et à l'industrie* commence à sortir de presse, selon un rythme hebdomadaire. Le bureau de *La Nature* est à Paris, 13, passage Saulnier.

Tissandier, maintenant, s'intéresse à tout – nécessité du journalisme scientifique – mais il conserve un intérêt particulier pour les voyages en ballon. Il apprend que le ballon *Étoile polaire*, avec à bord les aéronautes Joseph Crocé-Spinelli (1845-1875) et Théodore Sivel (1834-1875), a atteint l'altitude record de 7 300 mètres, le 22 mars 1874. Le but de l'ascension est à la fois sportif et scientifique. Les questions sont nombreuses, dans le monde scientifique, à propos des conditions de l'atmosphère à de si hautes altitudes.

Un an plus tard, presque jour pour jour, le 23 mars 1875, un ballon encore plus grand, baptisé *Zénith*, vient d'achever son remplissage à l'usine à gaz de La Villette, pour le compte de la Société Française de Navigation Aérienne. Le ballon est lâché, avec à son bord Théodore Sivel et Crocé-Spinelli, mais aussi Gaston Tissandier et son frère Albert (1839-1906).

Le *Zénith* accomplit à son tour un record de l'histoire des ballons. C'est le record du plus long voyage : 22 heures et 40 minutes.

Quelques jours plus tard, le 15 avril 1875, le *Zénith* est lâché à nouveau. À son bord : Sivel, Crocé-Spinelli et Gaston Tissandier. Nouvel exploit ! Le ballon atteint et dépasse 8 000 mètres d'altitude.

Mais c'est aussi un drame.

Les aéronautes manquent cruellement d'air. Malgré les précautions prises, très rudimentaires, pour pouvoir respirer dans une atmosphère à la pression très basse, ils suffoquent. Quand ils touchent terre, les trois hommes ne bougent plus, ou à peine. Car il y a un corps qui remue. Sivel et Crocé-Spinelli sont morts, par asphyxie. Gaston Tissandier est encore vivant. Il survivra.

Erreur scientifique ? Bien sûr. Comment n'a-t-on pas prévu que l'air manquerait, qu'il fallait un apport artificiel – et fiable – d'oxygène à une telle altitude ? Les trois hommes, Tissandier surtout, étaient bien au courant des progrès scientifiques et techniques dans de nombreux domaines, et ils auraient pu mieux évaluer le terrible risque qu'ils prirent.

En 1878, Gaston Tissandier fait connaître ses expériences d'aéronaute, qui ne furent pas toutes si tragiques, dans un livre *Histoire de mes ascensions. Récit de vingt-quatre voyages aériens* paraissant chez Maurice Dreyfous, à Paris. En 1886, il publiera encore *La navigation aérienne. L'aviation et la direction des aérostats dans les temps anciens et modernes*, chez Hachette (Paris).

Voici comment commence la relation du voyage de 1875 dans le livre de 1878.

« Le jeudi 15 avril 1875, à 11 h 32 du matin, l'aérostat *le Zénith* s'élevait de terre à l'usine à gaz de La Villette. Crocé-Spinelli, Sivel et moi avions pris place dans la nacelle. Trois ballonnets remplis d'un mélange d'air à 70 pour 100 d'oxygène étaient attachés au cercle. À la partie inférieure de chacun d'eux un tube en caoutchouc traversait un flacon laveur rempli d'un liquide aromatique. Cet appareil, dans les hautes régions de l'atmosphère, devait fournir aux voyageurs le gaz comburant nécessaire à l'entretien de la vie. »

L'auteur fait ensuite l'inventaire des instruments scientifiques emportés en vue d'observations diverses : un appareil pour le dosage de l'acide carbonique présent dans l'atmosphère, un spectroscope, deux baromètres anéroïdes, des thermomètres, des boussoles... Puis il expose toutes les étapes et circonstances de l'ascension.

« Vers 7500 mètres, l'état d'engourdissement où l'on se trouve est extraordinaire. Le corps et l'esprit s'affaiblissent peu à peu, graduellement, insensiblement, sans qu'on en ait conscience. On ne souffre en aucune façon ; au contraire. On éprouve une joie intérieure et comme un effet de ce rayonnement de lumière qui vous inonde. On devient indifférent ;

on ne pense plus ni à la situation périlleuse ni au danger ; on monte, et on est heureux de monter. Le vertige des hautes régions n'est pas un vain mot. Mais, autant que je puis en juger par mes impressions personnelles, ce vertige apparaît au dernier moment ; il précède immédiatement l'anéantissement, subit, inattendu, irrésistible (…).

Bientôt je veux saisir le tube à oxygène, mais il m'est impossible de lever le bras. Mon esprit cependant est encore très-lucide. Je considère toujours le baromètre ; j'ai les yeux fixés sur l'aiguille, qui arrive bientôt au chiffre de la pression 290, puis 280 qu'elle dépasse.

Je veux m'écrier : « Nous sommes à 8 000 mètres ! » Mais ma langue est comme paralysée. Tout à coup, je ferme les yeux et je tombe inerte, perdant absolument le souvenir. Il était environ 1 h 30 (…)

Mes deux compagnons étaient accroupis dans la nacelle, la tête cachée sous leurs couvertures de voyage. Je rassemble mes forces et j'essaye de les soulever. Sivel avait la figure noire, les yeux ternes, la bouche béante et remplie de sang. Crocé avait les yeux à demi fermés et la bouche ensanglantée.

Raconter en détail ce qui se passa alors, m'est impossible. Je ressentais un vent effroyable de bas en haut. Nous étions encore à 6 000 mètres d'altitude. Il y avait dans la nacelle deux sacs de lest que j'ai jetés. Bientôt la terre se rapproche, je veux saisir mon couteau pour couper la cordelette de l'ancre (…).

Après avoir retracé l'histoire de l'ascension du *Zénith*, j'arrive aux deux points importants qui ont si vivement préoccupé l'attention du monde savant et du public.

Quelle est la hauteur maxima atteinte par le *Zénith* ?

Quelle est la cause de la mort de Crocé-Spinelli et de Sivel ?

La première question est tout à fait résolue par l'ouverture des tubes barométriques témoins, imaginés par M. Janssen, et déjà employés par Sivel et Crocé-Spinelli lors de leur ascension à 7 300 mètres. (…)

Il ne me semble pas douteux que la mort de ces infortunés soit la conséquence de la privation d'air résultant de la dépression atmosphérique ; il est possible de supporter, pendant un temps de faible durée, l'action de cette asphyxie ; il est difficile d'en subir l'effet coup sur coup, pendant près de deux heures presque consécutives. Notre séjour dans les hautes régions a été, en effet, bien plus long que celui d'aucune ascension précédente à grande hauteur. J'ajouterai que l'air particulièrement sec n'a peut-être pas été sans exercer une funeste influence. (...)

On se demandera à présent quelle est la cause de mon salut. Je dois la vie probablement à mon tempérament particulier, lymphatique et très-nerveux, peut-être à mon évanouissement complet, sorte d'arrêt des fonctions respiratoires. J'étais à jeun au moment du départ, et je pensais d'abord que cette circonstance m'était particulière, mais j'ai eu depuis la preuve que si Sivel avait un peu mangé, Crocé n'avait comme moi, presque aucun aliment dans l'estomac.

La dépression est considérable à l'altitude de 8 600 mètres, puisque la colonne mercurielle du baromètre n'est plus que de 0,26 mètre environ. Les rares ascensions en hauteur précédentes sont très-loin de cette altitude. Gay-Lussac, en 1804, atteint 7 016 mètres (...).

J'ai la persuasion que Crocé-Spinelli et Sivel vivraient encore, malgré leur séjour prolongé dans les hautes régions, s'ils avaient pu respirer l'oxygène. Ils auront, comme moi, subitement perdu la faculté de se mouvoir. Les tubes adducteurs de l'air vital auront échappé de leurs mains paralysées ? Mais ces nobles victimes ont ouvert à l'investigation scientifique de nouveaux horizons ; ces soldats de la science, en mourant, ont montré du doigt les périls de la route, afin que l'on sache, après eux, les prévoir et les éviter. »

Dira-t-on que le cruel échec des trois aéronautes, indiscutablement tragique résultat d'une erreur, aura servi, comme l'espérait le rescapé, au moins de leçon ? Sans aucun doute. Les candidats à l'exploration de la haute atmosphère seront désormais bien plus prudents.

Au fait, que vont-ils découvrir ?

Eh bien, la découverte la plus notable sera faite le 7 août 1912, bien longtemps après la tragique aventure de 1875. Lors d'une ascension en ballon, Victor Hess (1883-1864) découvre les rayons cosmiques. Ce ne sont pas des rayons imaginaires, comme les rayons N. Les rayons cosmiques existent vraiment, ce sont des radiations ionisantes venant de l'espace et qui bombardent littéralement la Terre. Cependant, les êtres vivants sont heureusement préservés des effets de ces rayons, parce que les gaz de l'atmosphère les absorbent dans une grande proportion. Hess recevra le prix Nobel de physique pour sa découverte en 1936. Il était autrichien, mais va émigrer aux USA et recevra la nationalité américaine.

La mâchoire de Piltdown

Près de la petite localité de Piltdown, à quelque 60 kilomètres de Londres, un très honorable citoyen britannique, Charles Dawson (mort en 1916), avocat, archéologue amateur, fait des fouilles en février 1912 et il découvre des fragments d'un crâne humain. Il ne doute pas d'avoir trouvé les émouvants vestiges d'un homme préhistorique.

C'est que, en 1912, tout le monde, ou presque, en cherchait, des hommes préhistoriques !

Charles Darwin, en 1871, avait remporté un beau succès de librairie avec son livre *The descent of man and selection in relation to sex*, paru chez John Murray, à Londres. Il y expliquait, avec toutes les précisions dont est capable un grand naturaliste, que l'homme actuel est une espèce animale (*Homo sapiens*) qui provient, par évolution biologique, d'un ancêtre – très ancien – appartenant au groupe des primates. Ce que l'on traduisait, un peu vite, par la formule provocante « l'homme descend du singe ».

Du coup, les savants du monde entier, ceux du moins qui se ralliaient à la théorie de l'évolution des espèces vivantes, c'est-à-dire la grande majorité, cherchaient ce qu'ils appelaient le « chaînon manquant », c'est-à-dire l'être intermédiaire entre le singe ancien et l'homme moderne.

Il s'agissait de découvrir des ossements fossilisés qui proviendraient d'une espèce ayant des caractères intermédiaires entre ceux du singe et ceux de l'homme. La chasse était ouverte. Des fouilleurs fouillaient.

D'ailleurs, l'idée de trouver des os provenant d'hommes préhistoriques était bien antérieure à la parution du livre de Darwin, car on avait trouvé des outils en pierre manifestement très anciens et on était curieux de trouver des ossements correspondants, en dehors même de toute idée d'évolution biologique. En 1836, déjà, le Danois Christian Thomsen (1788-1865) avait, tenant compte des vestiges archéologiques connus à son époque, distingué les âges successifs de la pierre, du bronze et du fer. Dès le milieu du XIXe siècle, il y avait donc, dans les milieux scientifiques, un vif intérêt pour l'éventuelle trouvaille de restes d'hommes préhistoriques. Avec la théorie de l'évolution, l'intérêt était décuplé !

Et en 1856, on découvre en effet les restes d'un homme préhistorique, en Allemagne, dans une grotte de la vallée de Néanderthal, près de Dusseldorf. On découvrira, en 1868, cinq squelettes humains à Cro-Magnon, près d'Eyzies, en France, manifestement préhistoriques. Et puis, à force de chercher, on trouvera encore d'autres hommes ayant vécu bien avant l'invention de l'écriture.

Mais en 1912, les restes maintenant nombreux qui s'accumulent dans les musées, ou bien sont peu différents de l'homme moderne – comme les hommes de Cro-Magnon et de Néanderthal –, ou bien sont très proches des singes, comme par exemple les restes de « pithécanthropes » exhumés par Eugène Dubois (1858-1940) à Trinil, dans l'île de Java, en 1891. Le « chaînon manquant » manque toujours.

Et nous arrivons en juin 1912. La découverte de Dawson a attiré des spécialistes, et l'Anglais Arthur Smith Woodward (1864-1944), conservateur des collections paléontologiques au British Museum, et le Français Pierre Teilhard de Chardin

(1881-1955), jésuite et géologue, découvrent, à Piltdown, une mâchoire humaine préhistorique. Le 18 décembre 1912, la découverte de la mâchoire de Piltdown est officiellement annoncée à la Société de géologie de Londres.

Sensation ! Double sensation, même ! Le « chaînon manquant » est découvert. L'homme de Piltdown fait le lien entre le singe préhistorique et l'homme moderne, ce qui est sensationnel. En outre, ce lointain ancêtre a été découvert en Angleterre, ce qui est plus sensationnel encore. L'Angleterre, berceau de l'humanité…

Quand on cherche, on trouve, peut-être l'ai-je déjà fait remarquer.

Si Dawson est un obscur amateur, Woodward est un paléontologiste bien connu et Teilhard de Chardin est un géologue également déjà renommé. Voilà une belle page de l'histoire de la préhistoire qui est tournée.

Mais en 1915, un Français vient, assez impudemment, proposer au monde savant une proposition scandaleuse. Marcellin Boule (1861-1942), dans un article qu'il intitule « La paléontologie humaine en Angleterre » et qui paraît dans la revue *L'Anthropologie*, prétend que l'homme de Piltdown… n'existe pas ! C'est un excellent anatomiste, qui connaît bien les os de la tête des différentes espèces de singes et ceux de l'homme, et il est formel : la mâchoire de Piltdown est celle d'un singe. D'un vrai singe, pas d'un être intermédiaire, mi-singe, mi-homme.

Consternation ! Encore qu'en 1915 les Français et les Anglais avaient d'autres soucis.

En 1918, un paléontologiste américain, Gerrit S. Miller (1869-1956), étudie à son tour les restes de Piltdown et aboutit à la même conclusion que le Français Boule. La mâchoire est simienne, ce qui implique que le fragment de crâne et la mâchoire n'appartiennent pas au même être. Il fait paraître son analyse, sous le titre « *The Piltdown jaw* », dans l'*American Journal of Physical Anthropology*.

Les préhistoriens et les paléontologistes vont se regrouper en deux camps, ceux qui admettent l'existence d'un « homme de Piltdown » et ceux qui admettent la position de Boule et de Miller, c'est-à-dire que les deux échantillons résultent de la réunion fortuite des restes d'un homme et de ceux d'un singe.

Arthur Smith Woodward, qui fait partie avec détermination du premier groupe, baptise la nouvelle espèce *Eoanthropus Dawsoni*, en l'honneur du découvreur.

En 1920, le père Teilhard de Chardin fait le point de la question dans un article donné à la *Revue des questions scientifiques* : « Le cas de l'Homme de Piltdown ». Il est intéressant d'en lire quelques passages. Le jésuite-géologue commence ainsi.

« La découverte de l'Homme de Piltdown est peut-être le fait le plus important qui se soit produit en Paléontologie humaine depuis dix ans (...). Mon seul titre à présenter les réflexions qui suivent est d'avoir été admis (par l'amitié du regretté M. Dawson) à fouiller personnellement à Piltdown. J'ai vu, encore dans le sol, une partie des restes qui ont fait la célébrité du gisement. »

Ensuite, Teilhard de Chardin entreprend une description détaillée des vestiges et explique que le fragment de crâne est très proche de celui d'un homme moderne. Il poursuit : « Si nous passons à l'étude de la mâchoire et de la dentition, changement complet ! L'une et l'autre sont simiennes, tellement simiennes que c'est maintenant pour arriver à les distinguer des parties correspondantes d'un chimpanzé qu'il faut déployer une véritable subtilité.

La symphyse de la mandibule, au lieu de s'arrondir à son bord inférieur en un bourrelet régulier, comme chez l'Homme, se prolonge en dedans de la mâchoire sous forme d'une lame osseuse, exactement comme chez les Singes (...).

Ainsi, crâne humain et mâchoire de singe. On comprend que M. Woodward ait cherché, pour une association aussi étonnante, un vocable nouveau (...). »

Et plus loin, un passage décisif !

« (...) à moins qu'il ne fût un animal composite, reconstitué par erreur avec des pièces appartenant à deux êtres différents.

Nous voici arrivés à ce qui constitue proprement *le cas de l'Homme de Piltdown*. Je ne pense pas qu'à l'esprit de ceux qui furent témoins de la découverte de Piltdown, l'idée se soit présentée un seul instant que le crâne et la mâchoire pussent ne pas appartenir à un même individu (...). À Paris, puis bientôt à New York, cette appréciation ne tarda pas à prévaloir. M. Boule et l'anthropologiste G.S. Miller déclarent ouvertement (... qu'il s'agit d'un homme et d'un singe...). En attendant que de nouveaux documents permettent de reprendre une discussion qui paraît en ce moment épuisée (...) nous devons raisonner *jusqu'à nouvel ordre* comme si le crâne de Piltdown et la mandibule appartenaient à deux sujets différents. »

On le voit, avec une prudence que certains ne manqueraient pas de qualifier de « jésuitique », le bon père Teilhard conclut dans le sens de Boule et de Miller, sans toutefois écarter tout à fait la position de Woodward. Et le fait est que, en 1920 et encore pendant de nombreuses années, on parlera, dans les milieux scientifiques, de l'homme de Piltdown comme d'un candidat sérieux au titre de chaînon manquant.

Je n'en ai pas fini avec l'article du père Teilhard. Il conclut que, même dans l'hypothèse « minimaliste » où les restes correspondent à deux êtres, la trouvaille est de grande importance car elle apporte deux connaissances nouvelles. Primo, qu'il y avait des chimpanzés en Europe occidentale au Pléistocène, ce qui était ignoré jusque-là. Et secundo qu'il existait, à cette époque préhistorique, des hommes très différents des hommes de Néanderthal et de Cro-Magnon, ce qui confirme que le genre humain est formé, selon son expression, de « faisceaux fortement différenciés ». Ce que l'on appelle des races, dans un langage plus simple.

L'histoire de la mâchoire reprend en novembre 1953. Ce mois-là, c'est la sortie de presse d'un numéro du *Bulletin of the British Museum – Geology*. Les lecteurs de ce périodique, qui sont des géologues, des paléontologues et des paléoanthropologues, y lisent avec étonnement ou amusement, selon leur humeur, un article de Joseph S. Weiner (1915-1982), Kenneth Page Oakley (1911-1981) et Wilfrid E. Le Gros Clark (1895-1971), intitulé « *The solution of the Piltdown problem* ».

Et la solution est… Non seulement que la mâchoire appartient à un être effectivement distinct de celui dont provient le crâne mais, en outre, qu'il s'agit de la mâchoire d'un orang-outan… contemporain ! Weiner et ses collaborateurs ont en effet disposé d'une méthode de datation au fluor, relativement nouvelle, pas encore connue en 1912 ni en 1920, quand Teilhard de Chardin rédige son article. Et le résultat est sans appel : les restes sont très récents.

L'affaire est définitivement jugée le mois suivant, c'est-à-dire en décembre 1953. K.P. Oakley et J.S. Weiner signent un article « *Chemical examination of the Piltdown implements* » paraissant dans la revue *Nature*. K.P. Oakley (qui travaille au British Museum) et J.S. Weiner (de l'Université d'Oxford) ont démontré que la mâchoire de Piltdown a été « vieillie » par immersion dans une solution de bichromate de potassium.

Non seulement la mâchoire n'a rien de préhistorique, mais c'est même un faux ! Une « authentique » supercherie !

Pendant près de quarante ans, avec il est vrai de vives réserves manifestées par quelques spécialistes, l'homme de Piltdown fit partie des ancêtres de l'*Homo sapiens*. On l'enseignait dans les cours de paléo-anthropologie et la photographie de la célèbre mâchoire figurait en bonne place dans les manuels.

Et c'était une supercherie ! *Quelqu'un* a placé, dans des graviers à Piltdown, près l'un de l'autre, un crâne humain et une mandibule d'orang-outan, celle-ci ayant été trempée dans du bichromate pour prendre l'aspect d'un os fossilisé.

Des datations au carbone-14 détermineront que le crâne est celui d'un homme du Moyen Âge.

Reste une question. Qui est l'auteur de la supercherie ?

On ne le sait pas.

Et Albert Einstein ?

Les rayons de Blondlot et la mâchoire de Piltdown nous ont menés au XXe siècle, siècle qui vit une véritable explosion de découvertes, et de découvertes majeures, révolutionnaires même, dans tous les domaines du savoir humain. La plus sensationnelle fut celle d'Albert Einstein (1879-1955) ou, plutôt, celles d'Einstein, car ce diable d'homme, rien qu'en 1905, alors qu'il n'a que vingt-six ans, fait quatre découvertes de première importance : une théorie du mouvement brownien, une interprétation de l'effet photoélectrique, qui est en fait la base de la physique « quantique », la relativité du temps et de l'espace et, enfin, *last but not least*, l'inertie de l'énergie, représentée par l'illustre équation $E = m.c^2$.

D'accord, Copernic a révolutionné la vision du monde avec son héliocentrisme. Bien sûr, Newton a tout changé avec l'idée de gravitation universelle. C'est vrai, Darwin a bouleversé le monde savant – et même le monde inculte – avec sa théorie de l'évolution des espèces et surtout avec l'idée de l'origine animale de l'homme. Mais Einstein est allé au cœur même du savoir humain, refondant entièrement nos idées sur le temps, l'espace, la matière et l'énergie ! Il ne fut pas le plus grand physicien du XXe siècle. Il fut le plus grand savant de tous les temps.

D'où une question bien intéressante. Einstein s'est-il trompé ?

Le meilleur cerveau connu dans l'histoire est-il, ne serait-ce qu'une fois, tombé dans l'erreur ?

La réponse est oui.

Malheureusement, c'est encore plus technique que tout ce qui précède, autrement difficile que d'imaginer une structure pour la molécule de benzène (qui ne comporte que douze atomes, ce qui en fait un système tout de même très simple) ou que d'étudier – sans succomber à des illusions – les rayonnements, malgré leur diversité et leurs effets qu'il est parfois difficile d'interpréter.

Car Einstein ne s'intéresse pas à certaines molécules ou à certaines radiations. Il s'intéresse à Tout, avec T majuscule. C'est-à-dire à l'Univers, dans son ensemble !

En 1915, il fait paraître un article « *Zur allgemeinen Relativitätstheorie* » dans le périodique *Sitzungsberichte der Preussischen Akademie der Wissenschaften.* Il a beaucoup réfléchi depuis 1905. Il s'est rendu compte que sa nouvelle conception de l'espace et du temps, que l'on appelle la théorie de la relativité restreinte, n'est qu'un début, et que le raisonnement peut s'étendre à tous les objets de l'Univers, pour former une équation qui décrit le comportement de la totalité du monde, constitue ce qu'il appelle – en allemand – *allgemeinen Relativitätstheorie*, c'est-à-dire « théorie de la relativité générale ».

Depuis que les physiciens utilisent les mathématiques pour exprimer leurs résultats sous forme d'équations, ils utilisent l'analyse, c'est-à-dire qu'ils établissent des équations où interviennent des nombres. C'est relativement élémentaire. Depuis la fin du XIXe siècle, les progrès à la fois de la physique et des mathématiques ont conduit les physiciens à utiliser l'analyse vectorielle, dans laquelle les objets que l'on manipule ne sont plus des nombres, mais des vecteurs. En fait, ces vecteurs sont des généralisations des nombres. C'est donc un peu plus compliqué.

Pour exprimer ses résultats constituant la relativité générale, Einstein sera obligé d'utiliser une analyse encore plus puissante (et donc encore plus difficile), l'analyse tensorielle qui travaille avec des tenseurs, qui sont des vecteurs généralisés, de même que les vecteurs sont des nombres généralisés. De manière un peu simpliste, mais j'espère que cela fera comprendre l'essentiel, on peut dire que si un nombre est représenté par une lettre, comme « x », un vecteur sera représenté par une séquence de nombres, par exemple « x, y » (vecteur à deux dimensions), « x, y, z, t » (vecteur à quatre dimensions). Quant à un tenseur, c'est un ensemble de vecteurs et, donc, on peut le représenter par un tableau de nombres.

Donc, en 1915, Einstein est en possession d'une théorie de l'Univers, exprimée sous la forme d'une équation tensorielle, et son travail va consister à tenter de trouver des solutions de cette équation et de voir si ces solutions correspondent aux observations des astronomes et des physiciens. En particulier, il faut que la solution indique qu'il y a une attraction entre les corps matériels, car Einstein n'a aucune raison de nier la gravitation de Newton qui, depuis 1687, explique de manière tout à fait satisfaisante le comportement des corps célestes observés par les astronomes.

Einstein fait ses calculs.

Stupéfaction.

Il aboutit à un Univers instable. Ses travaux le conduisent à admettre que l'Univers est condamné à se condenser sur lui-même, à imploser. C'est difficile à comprendre mathématiquement, mais c'est très simple physiquement. Si les corps s'attirent, il est inéluctable qu'ils se rapprochent, et au bout d'un certain temps tous les corps, qui se seront rapprochés au maximum, seront agglomérés au « centre » du monde !

Einstein ne peut pas admettre cette instabilité. Pour lui, il est évident que l'Univers est stable et éternel. Que faire ?

Faire ce que font tous les physiciens quand leurs équations ne correspondent pas à l'expérience. Y ajouter un facteur de correction.

C'est par exemple ce que Max Planck (1858-1947) avait fait en 1900. Il ne parvient pas, pas plus que ses prédécesseurs qui ont essayé, à trouver une équation du rayonnement du corps noir qui soit en conformité avec les données expérimentales. Il ne peut évidemment pas agir sur les données observées. Mais il peut changer son équation. Il y a ajouté le facteur h, que l'on appellera évidemment la « constante de Planck », et… ça marche ! C'est d'ailleurs toujours comme ça que ça marche. On observe, on imagine une équation, on compare les résultats calculés et les résultats observés. Si cela coïncide, on garde l'équation. Sinon on la modifie, en ajoutant une constante ici ou là.

En 1917, Einstein se décide donc à introduire dans son équation une constante, qu'il appellera « constante cosmologique ». Physiquement, cela revient à admettre que la gravitation de Newton (qui conduit à l'effondrement gravitationnel de l'Univers) est contrebalancée par une espèce de pression « anti-gravitationnelle ». Après tout, si l'Univers est toujours là, disons entre 1905 et 1917, c'est que les forces qui tentaient de le contracter ont été exactement compensées par des forces lui permettant de résister à la contraction. En principe, c'est très simple. Mais le fait est que les calculs sont ardus.

Eh bien, Einstein s'est trompé. Pas d'avoir introduit une constante cosmologique, dont les physiciens du XXIe siècle admettent le bien-fondé. Mais d'avoir cru en un Univers statique.

En 1922, un physicien soviétique, Alexandre Friedmann (1888-1925) publie « *Über die Krümmung des Raumes* » (Sur la courbure de l'espace) dans la revue allemande *Zeitschrift für Physik*. Il s'oppose à la vision statique d'Einstein. Il montre que la résolution des équations de la relativité générale doit conduire ni à un Univers statique (immuable) ni à un Univers se condensant sur lui-même, mais à un Univers en expansion ! En somme, les étoiles qui forment l'Univers se comportent comme les molécules d'un gaz : elles s'écartent l'une de l'autre, à l'infini… Friedmann mourra très tôt, d'une pneumonie, en 1927, à l'âge de trente-sept ans, et il n'aura guère le temps de défendre sa théorie. Mais un autre physicien théoricien, un Belge, Georges Lemaître (1894-1966), défend à son tour l'idée d'un Univers augmentant constamment de volume. Il fait paraître ses calculs dans l'article « Un univers homogène de masse constante et de rayon croissant, rendant compte de la vitesse radiale des nébuleuses extra-galactiques », dans les *Annales de la Société Scientifique de Bruxelles*, en 1927.

En cette année 1927, l'industriel belge Ernest Solvay finance une rencontre internationale de physiciens, un « Congrès Solvay », au cours duquel Einstein rencontre Lemaître. Les deux physiciens restent sur leurs positions, Einstein convaincu de la stabilité du monde, Lemaître affirmant son inexorable expansion.

Voilà quelle fut l'erreur d'Einstein.

Car, quelques années plus tard, il se ralliera aux thèses expansionnistes et déclarera que sa constante de pression anti-gravitation fut « *the biggest mistake of my life* ». La plus grande erreur de ma vie.

Au fait, était-ce bien une erreur ?

La constante cosmologique d'Einstein est toujours bien présente dans les équations des physiciens et des astronomes.

Mais aujourd'hui, les physiciens et les astronomes, dans leur immense majorité, admettent l'expansion de l'Univers et admettent, donc, qu'il y eut un moment, il y a bien longtemps, où l'Univers n'était qu'une singularité, un point initial, qui lors d'une inconcevable explosion a commencé de jeter de la matière et de la matière dans tous les sens, créant l'Espace et le Temps.

Ce fut le « *Big Bang* ».

Les transuraniens de Monsieur Fermi

J'ai déjà dit que la physique, en 1800, connaissait un seul rayonnement, la lumière, et qu'elle en connaît neuf (sans compter les rayons N) en 1903. J'ai aussi fait remarquer que si, en 1789, Lavoisier pouvait énumérer une trentaine de corps simples, au temps de Georges Urbain, vers 1910, les chimistes connaissaient plus de 90 éléments.

En 1934, le progrès scientifique s'est poursuivi et la « vision du monde » est tout à fait différente à ce moment que trente ans plus tôt. Vers 1900, on sait que la matière est formée d'atomes et on sait que ces atomes contiennent des particules chargées négativement, les électrons. Et c'est à peu près tout. En 1934, on sait que le nombre de ces électrons correspond au numéro de l'élément dans le tableau de Dimitri Mendéléev, un tableau où tous les éléments connus sont situés chacun dans une case bien déterminée. Par exemple, l'hydrogène se trouve dans la case n° 1 et possède un seul électron. Son « numéro atomique » vaut 1. Le carbone se trouve dans la case n° 6 et l'atome de carbone contient six électrons ; l'or se trouve dans la case n° 79 et l'atome d'or contient soixante-dix-neuf électrons ; l'uranium occupe la dernière case du tableau, dont le numéro est 92, et l'atome d'uranium contient quatre-vingt-douze électrons. On sait aussi que tous les atomes sont formés d'un noyau autour duquel sont situés les électrons. On sait encore que les noyaux des atomes sont formés de deux sortes de particules, les protons et les neutrons. On sait encore bien d'autres choses, mais ceci n'est pas un cours de physique atomique.

Ah oui, je dois encore vous dire ceci, pour que vous compreniez bien la suite. On sait réaliser des « réactions nucléaires », c'est-à-dire que l'on est capable d'envoyer des particules sur des noyaux, ce qui généralement donne naissance à un nouveau noyau.

Donc, en 1934, plusieurs laboratoires dans le monde s'occupent de réaliser des réactions nucléaires. À Rome, Enrico Fermi (1901-1954), qui est professeur de physique, pratique de la manière suivante. Je vais évidemment simplifier la description du dispositif expérimental. Dans un tube en verre, Fermi place une source de neutrons, en l'occurrence un mélange de polonium et de béryllium. Les neutrons sont des particules qui peuvent traverser n'importe quel matériau, y compris le verre, et qui vont donc sortir du tube dans toutes les directions. On creuse alors dans un bloc d'une substance quelconque un trou dans lequel on peut insérer le tube en verre. Résultat : les neutrons sortent du tube et entrent dans le matériau entourant ce tube. Ils vont alors agir sur les noyaux des atomes constituant ce matériau. C'est assez ingénieux. Au lieu de poser une source de neutrons *devant* un matériau, ce qui occasionne la perte de nombreux neutrons, on place la source *dans* le matériau.

Mais cela ne suffit pas. En 1934, les physiciens savent que quand un neutron pénètre dans le noyau d'un atome, ou bien il en ressort, ou bien il y reste. Avouez que la physique « nucléaire » n'est pas difficile ! Quand on envoie un projectile sur une cible, le projectile traverse la cible ou s'y enfonce et y reste… Seulement, comme un noyau est formé de n neutrons et de p protons, vous comprendrez aisément que, dans le cas où le neutron est « piégé » par le noyau, celui-ci contient maintenant n + 1 neutrons.

Or, en 1934, les physiciens savaient encore autre chose. Ils savaient que les noyaux contenant beaucoup de neutrons sont radioactifs. Un de leurs neutrons va se transformer en un proton et libérer un électron, qui va s'échapper du noyau. C'est le flux d'électrons ainsi éjectés qui constitue le rayonnement. Donc, pour constater que les neutrons ont bien été captés par le matériau « irradié » par ces neutrons, on peut envisager de placer des compteurs de radioactivité tout autour du dispositif expérimental.

Et ça marche fort bien, à Rome ! Fermi constate qu'avec toutes sortes de matériaux, il obtient des rayonnements (d'électrons). On dit que les neutrons ont « activé » le matériau, l'ont rendu radioactif.

C'est vraiment une très belle expérience, qui sera d'ailleurs reproduite dans de nombreux laboratoires. Pas d'erreur. Tous les contrôles le confirment. Ce sont bien les neutrons qui activent le matériau. Et celui-ci devient radioactif.

Ajoutons encore une considération intéressante.

Nous savons qu'à chaque élément correspond une case dans le tableau de Mendéléev, que le numéro de cette case, ou numéro atomique, est en fait le nombre d'électrons contenus dans l'atome. Mais c'est aussi le nombre de protons contenus dans le noyau, puisqu'il faut – pour que l'atome soit électriquement neutre – qu'il y ait autant de protons (chargés positivement) que d'électrons (chargés négativement). Or, quand, dans un noyau un neutron se transforme en un proton, cela signifie qu'il y a un proton en plus après la transformation. J'espère que vous suivez.

Soit le cas de l'or, dont le numéro atomique vaut 79. Quand on l'irradie par des neutrons, il se forme un noyau contenant un neutron de plus, ce que je représente comme ceci (Au, qui vient de *aurum* en latin, est le symbole de l'or) :

$$\text{neutron} + {}_{79}\text{Au}^{n} \rightarrow {}_{79}\text{Au}^{n+1}$$

Le noyau d'or, qui contenait 79 protons et n neutrons, s'est transformé en un noyau qui contient 79 protons et n + 1 neutrons. Si maintenant, comme on le constate en effet expérimentalement, le noyau est devenu radioactif, il va subir la transformation d'un de ses neutrons en proton, ce qui donnera un noyau ayant 79 + 1 = 80 protons. C'est-à-dire qu'il se forme un atome dont le numéro atomique est 80, ce qui n'est plus de l'or, mais un autre élément. Consultons le tableau de Mendéléev. On voit que l'élément de numéro atomique 80 est le mercure. En irradiant de l'or avec des neutrons, on transforme l'or en mercure ! En fait, il n'y a qu'un très petit nombre d'atomes d'or qui subissent cette transmutation, mais celle-ci est bien réelle. Son rendement ne permet pas de produire du mercure (quel intérêt, d'ailleurs, puisque l'or est plus cher que le mercure), mais l'expérience confirme les théories sur les noyaux des atomes. Il est en effet possible de montrer, dans cette expérience, par des moyens chimiques, qu'il s'est bien formé du mercure…

Et voici maintenant l'idée et l'erreur d'Enrico Fermi.

Puisque, par irradiation neutronique, on peut à partir d'un élément dont le numéro atomique est Z obtenir un élément dont le numéro atomique est Z + 1, se dit-il, je vais irradier de l'uranium, dont Z = 92, et je vais obtenir l'élément 92 + 1 = 93, c'est-à-dire un élément qui n'existe pas dans la nature, puisque l'uranium est l'élément connu ayant la valeur de Z la plus élevée ! Je vais, se dit Fermi, obtenir un élément « transuranien », c'est-à-dire situé au-delà de l'uranium dans le tableau de Mendéléev. Et même, si l'expérience est poursuivie assez longtemps, l'élément 93 formé pourrait à son tour capter un neutron et former l'élément 94…

Fermi prépare son expérience. Il place son tube de verre contenant sa source de neutrons à l'intérieur d'un cylindre d'uranium. Il attend quelques heures. Il observe les compteurs. La radioactivité est devenue intense et très complexe. Fermi ne doute pas qu'il a produit un, ou peut-être plusieurs, éléments transuraniens.

Remarquons que dans cette expérience il ne suffit pas de constater une radioactivité, car l'uranium est radioactif, avant même d'être irradié par les neutrons. Il fallait donc disposer de compteurs capables de discriminer les rayonnements provenant de l'uranium de ceux émis par les produits de l'irradiation de l'uranium.

Enrico Fermi expose les détails de son expérience et son interprétation dans un article « *Radioattivita prodotta da bombardamento di neutroni* » qui paraît, en cette année 1934, dans la revue scientifique italienne *Nuovo Cimento*. Il publiera d'ailleurs d'autres articles cette année, notamment, avec ses collaborateurs F. Rasetti et O. D'Agostino : « *Sulla possibilita di produrre elementi di numero atomico maggiore di 92* » dans la revue *Ricerca Scientifica* ou encore « *Possible production of elements of atomic number higher than 92* », dans la revue *Nature*, article qui paraît le 16 juin 1934.

Traduisons correctement ce dernier titre : « Production possible d'éléments de nombre atomique supérieur à 92 ». Possible… Fermi n'est pas strictement affirmatif. Il sait trop bien que l'interprétation des expériences de physique nucléaire est très délicate, mais quand même, il y croit. Les physiciens qui s'intéressent aux noyaux atomiques sont très impressionnés. Les chimistes, qui croyaient le tableau de Mendéléev complet, le sont peut-être plus encore. Notamment une chimiste allemande, Ida Tacke (1896-1978), épouse du chimiste Walter Noddack.

En septembre 1934, Madame Noddack publie un très intéressant article « *Über das Element 93* » dans le *Zeitschrift für angewandte Chemie*. Remarquons comme les choses vont vite.

En juin, Fermi fait connaître ses résultats dans la revue *Nature*. En septembre, une analyse critique de ces résultats paraît déjà dans une revue allemande. Or, que dit Madame Noddack ? Elle a examiné de manière particulièrement attentive le mode opératoire de Fermi. Et elle conclut qu'il ne s'est pas formé l'élément 93, mais que des neutrons, en pénétrant dans les noyaux d'uranium, ont brisé ceux-ci en plusieurs morceaux. Elle explique que les radioactivités observées correspondent mieux à ces morceaux, qui sont des noyaux beaucoup moins lourds que le noyau d'uranium, qu'à un hypothétique élément « transuranien ».

Supposons par exemple qu'un noyau d'uranium, sous l'effet d'un neutron, se divise en deux noyaux égaux, c'est-à-dire ayant chacun la moitié de 92 protons, soit 46. Consultons le tableau de Mendéléev. Le noyau d'uranium s'est brisé et a donné naissance à deux noyaux de palladium (symbole Pd) :

$$\text{neutron} + {}_{92}\text{U} \longrightarrow {}_{46}\text{Pd} + {}_{46}\text{Pd}$$

Que devons-nous retenir de cette curieuse histoire ? D'abord, que les savants s'observent, qu'ils lisent les travaux de leurs collègues, qu'ils se critiquent, que même ils se disputent parfois. En réalité, Enrico Fermi et Ida Noddack n'en sont pas venus à la dispute. Ils ont simplement interprété de manière diamétralement opposée la même expérience. Les faits sont indiscutables et indiscutés. Nous ne sommes pas, comme à Nancy, avec des faits observés inexistants ! Il y a bien une source de neutrons. Il y a bien de l'uranium. Et celui-ci, après irradiation, montre une radioactivité beaucoup plus intense et très différente de sa radioactivité avant exposition aux neutrons. Pour Fermi, il s'est formé l'élément 93. Pour Noddack, il y a eu cassure du noyau d'uranium.

Qui a tort ? Et donc, qui a raison ? Le physicien italien ou la chimiste allemande ? En fait, tous les deux !

Mais il faut, pour comprendre, connaître la suite. Je ne la développerai pas, cela nous entraînerait dans des discussions techniques difficiles. Mais il faut savoir qu'en 1939, deux Allemands, Otto Hahn (1879-1968) et Fritz Strassmann (1902-1980), refont soigneusement l'expérience de Fermi, tiennent compte de toutes les remarques de Noddack et arrivent à la conclusion, qui sera définitive, que des neutrons sont capables de briser en deux les noyaux d'uranium. On appellera ce phénomène la « fission nucléaire ». Madame Noddack avait raison.

Mais il faut savoir encore que, en 1940, l'Américain Edwin M. McMillan (1907-1991), à l'Université de Berkeley, par bombardement neutronique d'uranium, obtient indubitablement l'élément 93. On l'appellera le neptunium. On obtiendra aussi l'élément 94, qui sera baptisé plutonium. Monsieur Fermi avait raison.

Alors ?

On se trouve ici dans un joli cas de figure, où la même expérience est interprétée différemment par deux auteurs. Ils ont tort tous les deux, parce qu'une partie de la vérité n'est pas la vérité. Mais ils eurent raison aussi, parce qu'une vérité partielle va dans le bon sens ! En fait, quand des neutrons – des milliards de neutrons ! – « bombardent » des noyaux d'uranium, plusieurs phénomènes apparaissent concurremment. Certains neutrons passent au travers ou rebondissent sur les noyaux, sans les modifier. D'autres pénètrent et forment un noyau qui, par radioactivité, deviendra un noyau de neptunium. D'autres encore pénètrent dans un noyau et le font éclater en deux noyaux plus petits…

Cette double erreur, qui est aussi deux fois l'approche de la vérité, est à la base de la maîtrise par l'humanité d'une extraordinaire, inouïe et totalement inattendue, source d'énergie.

Ce serait une erreur de ne pas s'en servir. Mais il faut l'utiliser, comme la bonne bière et le bon vin, avec… sagesse.

La fureur lobotomiste

En somme, l'histoire de la science (que ce soit l'histoire de ses erreurs ou celle de ses succès), c'est l'histoire de l'intelligence, et l'histoire de l'intelligence humaine, c'est l'histoire du cerveau des hommes. Si donc on veut comprendre, mais vraiment ce qui s'appelle comprendre, *comment il est possible de comprendre* (c'est bien la question de la philosophie), c'est-à-dire aller vraiment au fond des choses, au cœur de la compréhension – du savoir, de la raison, du *logos* –, il faut étudier le cerveau.

J'aurais pu, depuis les premières réflexions des médecins avant Hippocrate sur le « siège de la raison » jusqu'aux recherches les plus actuelles et les plus sophistiquées en neurobiologie et en cognitique (intelligence artificielle), retracer l'histoire de l'anatomie, de la physiologie et de la pathologie du cerveau humain, et cela nous aurait donné, soyons-en sûrs, une abondante moisson d'erreurs scientifiques. La toute première erreur étant « pré-scientifique », puisque de nombreux peuples de l'Antiquité, avant la naissance de la science, situaient l'intelligence non dans le cerveau, mais dans le cœur ou dans le foie.

Je me bornerai, avant d'en venir à la lobotomie qui fait l'objet du présent chapitre, à signaler l'erreur de Gall, qui n'est d'ailleurs qu'une erreur très relative, car il y avait des idées intéressantes dans l'œuvre de cet auteur. Mais il a commis l'erreur qu'ont commise de très nombreux chercheurs : tirer des conclusions hâtives. Vouloir établir une théorie générale (et définitive !) à partir de quelques observations trop rapides.

Cela commence en 1796. Le médecin allemand François Joseph Gall (1758-1828) s'intéresse particulièrement à l'anatomie et, plus spécialement, à l'anatomie du cerveau. Il découvre – enfin, il croit découvrir – qu'aux diverses dispositions intellectuelles de l'homme correspondent des bosses du cerveau bien localisées. Bien plus tard, on se rendra compte que l'observation n'est pas tout à fait fausse. Il y a bien des localisations cérébrales correspondant aux diverses facultés mentales. Mais ce ne sont pas de simples bosses, et les connaissances de la fin du XVIIIe siècle étaient tout à fait insuffisantes pour déterminer ces localisations avec précision. Les bosses ne sont pas tout à fait vraies ! C'est dire qu'elles ne sont pas tout à fait fausses. Il y avait notamment une aire cérébrale, bien identifiée par F.J. Gall, pour le « besoin d'être bon », une autre correspondait à l'« amour du lucre », une autre encore était celle de la « perception de l'harmonie » et il y en avait une pour le « besoin d'admirer ». La populaire – mais peu répandue – « bosse des maths » est une rémanence dans le vocabulaire français contemporain de la vieille doctrine du médecin allemand.

Gall s'installe en France, poursuit ses travaux et publie. En 1810, avec son collègue Johann Spurzheim (1776-1832), il publie le premier volume d'une *Anatomie et physiologie du système nerveux en général et du cerveau en particulier*, à Paris. Le deuxième volume paraîtra en 1812. Également en 1810 et aussi avec Johann Spurzheim, il publie encore *Observations sur la phrénologie, ou la connaissance de l'homme moral et intellectuel fondée sur les fonctions du système nerveux*. Il est l'inventeur de ce néologisme « phrénologie ». Un terme tout à fait prématuré, car les connaissances anatomiques et physiologiques de l'époque sont loin de permettre d'étudier la corrélation entre faits psychiques et réalités anatomiques. Il n'empêche. Gall n'en démord pas. En 1811, toujours avec Spurzheim, il publie encore *Des dispositions innées de l'âme et de l'esprit : du matérialisme, du fatalisme et de la liberté morale*.

Jusqu'à la fin de ses jours, Gall restera convaincu qu'il a fait de grandes découvertes. Il n'a fait que disserter sur une idée certes intéressante, mais qu'il ne pouvait étayer par presque aucun fait. Les bosses des aptitudes intellectuelles sont à ranger avec les quatre humeurs d'Hippocrate ou les trois principes de Paracelse ou les calculs astronomiques de Bode.

Spurzheim se sépare de Gall en 1812 et entreprend de voyager en Angleterre, puis aux États-Unis où il mourra. Il propagera l'idée de phrénologie dans les pays de langue anglaise, publiant notamment, en 1825, *A view of the philosophical principles of phrenology* et *Phrenology or the doctrine of the mind, and the relations between its manifestations and the body*.

Bien. Voici donc une première erreur, d'un type en quelque sorte classique : la théorisation prématurée des premiers phrénologues.

En suivant l'histoire des études sur le cerveau, nous arrivons en 1839. François Leuret (1797-1851) et Louis P. Gratiolet (1815-1865) font paraître *Anatomie comparée du système nerveux considéré dans ses rapports avec l'intelligence*, chez Baillière, à Paris. Ces deux anatomistes sont beaucoup plus prudents dans leurs conclusions que Gall et Spurzheim. En 1854, L.P. Gratiolet publie *Mémoires sur les plis cérébraux de l'homme et des primates* chez Bertrand (Paris). Il améliore de manière sensible la connaissance anatomique du cerveau. Il propose notamment de distinguer quatre lobes dans chaque hémisphère cérébral, qu'il nomme lobe frontal, lobe temporal, lobe pariétal et lobe occipital. Cette subdivision s'est révélée pertinente et constitue encore l'ABC de l'anatomie cérébrale aujourd'hui.

Je signalerai encore que Gratiolet publie, seul (Leuret est décédé), le volume deux d'*Anatomie comparée du système nerveux* en 1857.

Retenons donc que si Gall a proposé un terme correspondant à une illusion théorique (illusion partielle, reconnaissons-le), Gratiolet a établi une terminologie encore utilisée 150 ans plus tard.

Et nous savons maintenant ce que sont les lobes du cerveau.

Ce qui va nous permettre d'entrer dans le vif du sujet.

Cela se passe en 1935, au Portugal.

Antonio Egas Moniz (1874-1955) et Almeida Lima (1903-1985) réalisent une « leucotomie préfrontale » chez un malade mental, en vue d'améliorer sa condition psychique. La technique a été testée, avec succès, chez des chimpanzés. Il s'agit d'une intervention chirurgicale sur une partie d'un lobe du cerveau, ici le lobe frontal. Idée somme toute extrêmement rationnelle ! Si les maladies mentales sont des maladies du cerveau, il suffit peut-être d'enlever une partie du cerveau pour, sinon restaurer la santé psychique, du moins améliorer l'état du patient.

En 1936, A. Egas Moniz publie *Tentatives opératoires dans le traitement de certaines psychoses*. En 1937, il publie encore *La leucotomie préfrontale. Traitement chirurgical de certaines psychoses*. En 1949, il se voit décerner le prix Nobel de médecine pour sa mise au point de la leucotomie comme traitement des dérangements psychiques graves.

Pas d'erreur.

Je veux dire pas d'erreur ni de raisonnement ni d'observation ni de technique chirurgicale *par rapport aux connaissances médicales des années 1930*. Quand on veut établir s'il y a « erreur scientifique », il faut évidemment le faire par rapport au savoir de l'époque considérée. Il serait d'une puérilité désolante de

« juger » le travail d'Egas Moniz en 1935 avec les connaissances en neurologie de 2010 ! Nous devons faire l'effort intellectuel de nous reporter à ce qu'étaient la médecine et la psychiatrie en 1935.

En 1936, deux médecins américains, Walter Freeman (1895-1972) et James W. Watts (1904-1994), traitent également par la chirurgie cérébrale une femme de 63 ans, atteinte de dépression et d'agitation. Ils proposent le terme « lobotomie » (section d'un lobe) pour désigner leur traitement chirurgical des maladies mentales, beaucoup plus radical que celui des Portugais.

Il faut savoir que le cerveau, comme d'ailleurs l'ensemble du système nerveux, est formé de cellules, les neurones, formées d'un corps cellulaire d'apparence grise prolongé par des ramifications blanches (axones et dendrites). Les parties grises forment la « matière grise » et les parties blanches, évidemment, la « matière blanche ». Dans la technique des chirurgiens portugais, la matière blanche est seulement sectionnée (leucotomie vient du mot grec *leukos* qui signifie « blanc »). Chez Freeman et Watts, une partie plus ou moins importante de la matière blanche est détruite.

Les premiers résultats obtenus par les deux neuro-chirurgiens sont encourageants. Ils améliorent leur technique. Après la Seconde Guerre mondiale, on va voir une véritable mode de la lobotomie. De plus en plus de malades mentaux seront soumis au traitement, avec des résultats d'ailleurs variables, et Freeman pratiquera des opérations par centaines. Certaines sources signalent qu'il aurait pratiqué au total quelque 3 500 lobotomies !

Le fait est qu'il fera appel à des méthodes quasi publicitaires pour faire connaître son procédé et, qu'entre 1945 et 1955, il y aura dans le monde – pas uniquement aux États-Unis – une véritable vague de lobotomies. Des milliers de schizophrènes, d'épileptiques, de mélancoliques, d'agités seront soignés.

La patiente lobotomisée la plus célèbre sera Rosemary Kennedy, la sœur du futur président John F. Kennedy. Atteinte de retard mental, elle subit une lobotomie à l'âge de 23 ans, en 1941, opérée par Freeman et Watts. Elle est restée dans une institution psychiatrique jusqu'à sa mort, en 2005.

La lobotomie fut donc largement pratiquée, mais elle fut aussi largement critiquée par le monde médical « orthodoxe », qui n'estimait pas les résultats à la mesure de la barbarie du procédé : pénétrer avec un instrument pointu derrière chaque œil jusqu'au lobe frontal pour y atteindre la matière blanche.

Vers le milieu des années 1950, l'engouement pour la lobotomie diminua assez rapidement, notamment du fait de l'apparition de médicaments actifs sur le système nerveux (médicaments « psychotropes ») qui permettront de pratiquer des « lobotomies chimiques », les neuroleptiques. Aujourd'hui, la lobotomie n'est plus pratiquée que dans des cas tout à fait exceptionnels.

On voit où est l'erreur, qui fut une véritable fureur. En soi, l'idée d'une intervention chirurgicale sur le cerveau est bonne. Il est logique d'opérer le siège de la raison si le malade déraisonne, comme il est judicieux d'opérer le cœur d'un cardiaque. Techniquement, l'opération « fonctionne ». Mais la dérive fut de vouloir pratiquer l'opération massivement et pas toujours avec une justification suffisante.

Nous avons eu l'occasion de remarquer qu'une précédente « erreur » – l'espoir de résurrection par le galvanisme – fut à l'origine d'un des chefs-d'œuvre de la littérature anglaise. La fureur lobotomiste fut également la source d'inspiration d'un des plus intenses chefs-d'œuvre du théâtre et du cinéma américains. En 1959, on pouvait voir sur les écrans *Suddenly, Last Summer* (Soudain, l'été dernier), un film particulièrement remarquable de Joseph L. Mankiewicz, d'après la pièce du même titre de Tennessee Williams. La célèbre actrice Elizabeth Taylor y incarne une jeune femme que son entourage destine à être lobotomisée.

La lobotomie a « calmé » quelques milliers d'agités, a montré, qu'en effet, le mental dépend du physique et fut la source, bien involontaire il est vrai, d'une pièce de théâtre et d'un film qui sont parmi les grandes réalisations artistiques du XXe siècle.

Peut-être que la folie mène les uns à la folie et quelques autres au génie. Ceux-ci sont les plus rares. Pourquoi ?

Les sélections du camarade Mitchourine

On pourrait considérer comme une erreur de la science le fait qu'il a fallu 35 ans pour que les travaux de Gregor Mendel (1822-1884) soient connus par la communauté scientifique.

Le 8 février 1865, ce Mendel, qui est un moine, fait une conférence à la Société d'Histoire naturelle de Brünn (aujourd'hui Brno), sous le titre *Versuche über Pflanzen-Hybriden*. Il expose les résultats extrêmement intéressants qu'il a obtenus dans le jardin potager de son monastère en faisant des expériences d'hybridation en cultivant des pois. En fait, il a découvert les lois de l'hérédité, c'est-à-dire qu'il a compris comment certains caractères des parents sont transmis aux générations suivantes. Mais les membres de la société savante de Brünn ne se rendent pas compte de l'immense importance de la découverte. Le texte de la conférence paraît en 1866, dans le bulletin de la société *Verhandlungen der Natur Forschenden Verein in Brünn*.

Eh bien, cette découverte qui est de nature à révolutionner la biologie – et donc aussi l'agronomie et la médecine – reste ignorée du monde savant jusqu'en 1900 !

Ce n'est peut-être pas à proprement parler une erreur, mais c'est un cas désolant de dysfonctionnement de la recherche scientifique. Il faut dire qu'en cette fin du XIXe siècle, les revues scientifiques sont de plus en plus nombreuses et qu'il est en effet difficile de tout lire…

Donc, en 1900, indépendamment l'un de l'autre, trois biologistes « retrouvent » les lois de Mendel. La génétique moderne est née. Elle aurait pu naître 35 ans plus tôt.

Mais ce n'est pas sur l'ignorance des lois de Mendel que je veux m'arrêter quelque temps, mais sur son refus pour raison idéologique. Pour une très mauvaise raison, comme on va le voir !

L'histoire se passe en Russie.

Ivan Vladimirovitch Mitchourine (1855-1935) est un agronome russe, qui se spécialise dans l'amélioration des plantes cultivées par sélection. Quand il commence ses travaux, encore au XIXe siècle, il ignore évidemment les travaux de Mendel. Par contre, il est au courant de ceux de Charles Darwin (1809-1982), bien plus célèbre que le moine de Brünn, le biologiste qui a conçu la théorie de l'origine des espèces vivantes par sélection naturelle, la fameuse « *struggle for life* ».

Mitchourine n'accepte pas les idées de Darwin. Il pense que, par l'hérédité, des caractères acquis peuvent se transmettre à la génération suivante, ce qui est exactement le contre-pied de la théorie de Darwin. Quand, après 1900, il prendra connaissance des travaux de Mendel, il ne les acceptera pas non plus. Il élaborera ses propres conceptions de l'hérédité et de l'évolution des plantes, à la base de ses méthodes de sélection. Malgré cette erreur théorique (la biologie d'aujourd'hui ne met plus en doute les idées de Darwin et de Mendel), il obtient de bons résultats, parvenant à produire des « lignées » de plantes cultivées intéressantes. Cela n'a rien d'étonnant, quand on connaît la complexité des mécanismes qui interviennent dans la transmission des caractères chez les végétaux. D'ailleurs, depuis de nombreuses années déjà, bien avant que l'on connaisse les lois de Mendel, des agriculteurs et des éleveurs obtenaient, par sélection, des variétés nouvelles de plantes ou d'animaux, donc sans connaissance aucune des mécanismes biologiques mis en jeu. On peut faire de la bonne pratique avec de la mauvaise théorie ou, même, sans théorie du tout !

Mitchourine poursuit ses travaux et, après la Révolution de 1917, il est repéré par les dirigeants de la nouvelle « Union des républiques socialistes soviétiques ». En 1923, la pépinière de Mitchourine est déclarée « institution d'importance nationale » par le Conseil des commissaires du peuple. C'est ici que cela devient intéressant. Les commissaires du peuple apprécient Mitchourine pas tellement pour ses résultats effectifs, mais pour sa position théorique : il s'oppose à la « biologie bourgeoise » de Mendel et de Darwin ! Car, parmi les biologistes et les agronomes d'URSS, une étrange idée va se développer. La biologie des Autrichiens, des Allemands, des Anglais, des Français, des Américains est fausse, parce que basée sur les conceptions « capitalistes » de la bourgeoise. L'idée de la lutte pour la vie n'est-elle pas la base même de l'exploitation de l'homme par l'homme ? La biologie « vraie » doit être marxiste, et Mitchourine est considéré comme le héros de cette biologie véritable ! Peu importent les résultats réels. Peu importent les résultats expérimentaux, en nombre considérable, qui s'accumulent dans les pays bourgeois et qui tous soutiennent le darwinisme et le mendélisme. Mitchourine a raison non parce qu'il a bien interprété ses expériences et ses sélections, il doit avoir raison parce qu'il est marxiste !

Un des plus ardents admirateurs de Mitchourine et du mitchourinisme sera Trofim Lyssenko (1898-1976) qui, en 1938, sera nommé à la tête de l'Académie Lénine des sciences agronomiques par le Conseil des commissaires du peuple de l'URSS. Profitant de cette position éminente, Lyssenko entreprendra une campagne d'éradication de la biologie bourgeoise dans l'empire marxiste. Il est interdit d'enseigner les théories de Mendel, de Darwin, des biologistes non marxistes. Les récalcitrants sont durement traités, parfois jusqu'à l'enfermement dans un camp du Goulag.

Le plus éminent agronome russe de l'époque, Nicolas Ivanovitch Vavilov (1887-1943), qui a bien vu que les théories mitchouriniennes sont totalement erronées et qui a osé le dire, est arrêté en 1940 et envoyé dans un camp où il meurt de faim en 1943. Bien plus radical que l'affaire Galilée ! Mais Staline, le pape des communistes, était quelque peu plus vigoureux que le Saint-Père du temps de Galilée, Urbain VIII.

La biologie et l'agronomie ne vont pas progresser en URSS. Les termes « chromosome » et « gène » sont totalement bannis du vocabulaire de la science prolétarienne. Le fait est que, pendant les années 1940, les travaux de génétique sont surtout développés aux États-Unis, centre détesté du capitalisme…

Le plus triste ou le plus cocasse, c'est que, dans certains pays occidentaux, des intellectuels de gauche vont saluer le mitchourinisme comme une preuve de la valeur de l'idéologie communiste ! En France, à la fin des années 1940, une véritable campagne est organisée par les intellectuels du Parti Communiste pour faire connaître et apprécier la doctrine de Mitchourine. Les romanciers, les poètes, les journalistes du Parti proclament, avec un touchant enthousiasme, l'inexistence des chromosomes et la vérité de la doctrine de Mitchourine et de Lyssenko. Par contre, les médecins, les biologistes et les agronomes communistes sont bien moins affirmatifs ! Le chantre le plus en vue, en France, de la science prolétarienne sera Louis Aragon. La clairvoyance du poète, c'est bien connu.

D'une manière qui peut sembler assez incohérente, l'URSS qui refusera la biologie « bourgeoise » acceptera la physique « bourgeoise », spécialement la physique nucléaire. Si elle fut incapable d'améliorer son agriculture, empêtrée dans les présupposés de Mitchourine et de Lyssenko, elle sera par contre très capable de développer son armement nucléaire, en tenant compte des théories « capitalistes » d'Albert Einstein, d'Otto Hahn, d'Enrico Fermi, de Francis Perrin et de Robert Oppenheimer. Tiens, puisque j'en suis venu à parler des rapports entre science, politique et idéologie – un beau sujet – il me vient l'idée de rappeler que les brevets d'invention de la bombe nucléaire et du réacteur nucléaire ont été déposés, en 1939, par le physicien français *communiste* Frédéric Joliot-Curie.

Il faudra attendre 1965 pour que l'URSS se rende compte de son aveuglement. Lyssenko sera relevé de ses fonctions et oublié. Mais le mitchourinisme et le lyssenkisme firent des ravages, au pays des Soviets, pendant des décennies.

L'intelligence, la politique et les jumeaux

À l'exception du mitchourinisme, les erreurs que nous avons rencontrées jusqu'ici n'ont guère interféré avec la passion idéologique – politique ou religieuse. Sauf peut-être l'affaire de la mâchoire de Piltdown, car les anti-évolutionnistes hurlaient chaque fois que l'on trouvait des restes (authentiques ou non) d'hommes « d'avant le Déluge », et bien sûr aussi les tentatives de résurrection des morts à l'aide du galvanisme, qui heurtaient la sensibilité chrétienne, mais à une époque où les souvenirs de la Révolution étaient encore très vifs et où l'Église se manifestait relativement peu.

Par contre, l'affaire que nous présentons maintenant a provoqué, et provoque encore, des affrontements véhéments entre une certaine gauche et une certaine droite, car il s'agit d'une des questions les plus sensibles de l'époque contemporaine, celle non pas de l'intelligence mais de l'inégale répartition de l'intelligence parmi les humains.

Que l'on pense à gauche ou à droite, on observe avec la même froideur ceux qui prétendent qu'il y a quatre éléments, ceux qui affirment qu'il y en a cinq et ceux qui préfèrent la théorie des atomes. L'existence des Martiens ne trouve pas plus de partisans chez les gauchistes que chez les ultra-conservateurs. Et les partis politiques, quels qu'ils soient, se gardent bien de s'exprimer à propos de la formule du benzène de Kekulé ou de la constante cosmologique d'Einstein.

Mais quand il s'agit de prétendre qu'il y a, parmi les hommes, des êtres plus intelligents et d'autres qui le sont moins, c'est-à-dire quand il s'agit d'admettre une inégalité intellectuelle entre les hommes et qui serait d'origine naturelle, c'est un véritable tollé du côté de ceux qui basent toute leur conception du monde et de la société sur l'idée de l'égalité des humains. C'était déjà le cas en 1903. C'est encore le cas en 2010.

Soyons donc prudents dans l'interprétation de l'histoire qui va suivre.

Les faits commencent en 1903, et même, pourrait-on dire, en 1886. Cette année-là, le Français Alfred Binet (1857-1911) fait paraître un petit ouvrage *La psychologie du raisonnement, recherches expérimentales par l'hypnotisme*, à Paris. Ce n'est pas la célébrité, loin de là, mais enfin le jeune chercheur se fait remarquer au sein de la communauté des psychologues, à une époque où la psychologie est en train de se séparer de la philosophie et de devenir une science. Wilhelm Wundt (1832-1920) vient de créer un laboratoire de psychologie expérimentale à Leipzig, en 1879. Sigmund Freud (1856-1939) et Jean Martin Charcot (1825-1893) se sont rencontrés à la Salpêtrière, en 1885, et la psychanalyse va bientôt naître. Et en 1903, Binet publie un autre ouvrage, plus décisif : *L'étude expérimentale de l'intelligence*, édité à Paris. Binet a trouvé sa voie. Il consacrera le restant de ses jours à la grande question de l'intelligence.

L'année suivante, en 1904, l'Anglais Charles Spearman (1863-1945) publie un gros article, de près de 100 pages : « *General intelligence objectively determined and measured* », dans une livraison de l'*American Journal of Psychology*. L'idée est nouvelle. D'après ses observations, Spearman pense pouvoir conclure qu'il existe, chez les humains, une « intelligence générale », plus ou moins développée chez les différents individus. Cela signifie qu'il y a, de l'un à l'autre, des aptitudes différentes pour différentes activités intellectuelles, par exemple le calcul, la perception d'images, la compréhension de textes, etc. Mais en outre, il y a un élément de capacité qui s'adapte à toutes les activités mentales. Bref, il existerait non seulement des individus plus intelligents que les autres, par exemple dans le domaine mathématique, mais en outre il y aurait des personnes plus intelligentes « en tout ».

En 1905, Alfred Binet publie encore, avec la collaboration de Théodore Simon (1872-1961), un article « La misère physiologique et la misère sociale » dans la revue *L'Année psychologique*. Les deux auteurs réfléchissent à la question de l'inégalité scolaire. Pourquoi des enfants du même âge, situés dans la même classe, mis face à un même instituteur, n'ont-ils pas les mêmes résultats scolaires ? C'est vrai, au fond. Si les intelligences de ces petits êtres étaient rigoureusement égales, placés qu'ils sont dans des conditions identiques, ils devraient apprendre et comprendre identiquement ! Alfred Binet et Théodore Simon admettent alors l'inégalité dans le développement des facultés mentales et, en particulier, de l'intelligence, chez les enfants. Ils mettent au point une technique d'évaluation, de principe fort simple. Une série de questions est posée à un groupe d'enfants du même âge. On constate qu'une partie importante du groupe répond assez bien et qu'un petit nombre se détache « vers le haut », je veux dire que les membres de ce groupe donnent de meilleures réponses, alors qu'un autre petit nombre d'enfants est caractérisé par des réponses insatisfaisantes plus nombreuses. En somme, dans une population donnée d'enfants du même âge, il y a des « retardés », des « normaux » et des « doués ». Binet et Simon ont donc inventé une « échelle métrique » pour mesurer l'intelligence des enfants. Le résultat d'un enfant pris isolément se compare aux résultats du groupe. S'il est dans la moyenne de son âge, il est « normal ». Son « âge mental » est inférieur ou supérieur à son âge physiologique selon que ses résultats sont inférieurs ou supérieurs à ceux du groupe de référence.

Les critiques seront nombreuses et, en effet, on ne pouvait guère espérer qu'une méthode pour évaluer quelque chose d'aussi complexe que l'intelligence soit parfaite du premier coup, mais la plupart des psychologues sentent bien qu'il y a là quelque chose d'intéressant. Peut-on vraiment, quelle que soit la force de l'idéologie égalitariste, nier que dans une classe d'élèves du même âge il y ait des « meilleurs » et des « moins bons » ?

Je ne vais pas raconter toute l'histoire de la psychologie de l'intelligence. Les publications, nombreuses, se succèdent. Les idées se heurtent. La recherche avance. En 1912, je citerai un article du psychologue britannique Cyril L. Burt (1883-1971) : « *The inheritance of mental characteristics* » (L'hérédité des caractéristiques mentales), publié dans la revue *Eugenics Review*. Et deux chercheurs allemands, William Stern (1871-1938) et Otto Lipmann (1880-1933), publient, aussi en 1912, l'ouvrage *Forschung und Unterricht in der Jugendkunde* (Recherche et enseignement dans l'étude de la jeunesse), chez Teubner, à Leipzig. Ces deux auteurs ont une bonne idée. Au lieu d'utiliser le terme d'âge mental, ils préfèrent parler de « quotient intellectuel » pour exprimer les résultats des tests de Binet. Si l'intelligence mesurée correspond à la moyenne du groupe de référence, le quotient intellectuel vaut 100. Il est inférieur ou supérieur à 100 en fonction des résultats du test, pour des individus respectivement moins ou plus intelligents que la moyenne.

La notion se révélera très pratique et les psychologues de langue française adopteront le sigle « QI ». Les anglophones parleront de « IQ ».

Il est hors de mon propos d'étudier d'une manière approfondie cette matière délicate. Mais je dois au moins signaler que, si le QI fut à l'origine uniquement destiné à décrire les capacités intellectuelles d'enfants, les psychologues vont rapidement mettre au point des batteries de tests pour mesurer le QI des adultes.

Il est évident que, depuis l'invention de Binet et Simon en 1905 jusqu'à nos jours, les psychologues du monde entier ont examiné des milliers et des milliers d'individus et ont donc accumulé des dizaines de milliers de résultats. On admet aujourd'hui que, dans une population humaine suffisamment vaste pour que l'on puisse tirer des conclusions statistiques pertinentes, il y a entre 20 et 25 % d'individus dont le QI est inférieur à 75, personnes que, dans la terminologie psychologique du début du XXe siècle, on appelait « imbéciles, idiots et crétins » selon l'importance de leur arriération mentale. Aujourd'hui, pour des raisons qui ne sont pas très claires, ces termes sont remplacés, respectivement, par « débiles légers », « débiles moyens » et « débiles profonds ». Mais le fait est là. Il y a des débiles et des normaux, et les débiles représentent *grosso modo* le quart de la population. Les débiles existent. J'en ai rencontrés.

L'histoire continue...

En 1921, le psychologue anglais C.L. Burt, que nous connaissons déjà, s'intéresse à son tour aux tests en milieu scolaire et publie *Mental and scholastic tests* (P.S. King, Londres). En 1925, il publie encore *Handbook of tests for use in schools*, chez le même éditeur.

Entre-temps, en 1923, Charles Spearman a publié *The nature of intelligence and the principles of cognition* (Macmillan, Londres). Il a poursuivi ses recherches et ses réflexions et a approfondi son idée d'intelligence générale. Il propose de la désigner par l'expression « facteur g ». Bien sûr, je n'épingle, dans une bibliographie abondante sur la question de l'intelligence, que quelques ouvrages qui me paraissent déterminants. En tout cas, vingt ans après l'invention de l'échelle d'intelligence par Binet et Simon, la méthode est connue, discutée et utilisée non seulement en France, mais aussi en Allemagne et en Grande-Bretagne et, à vrai dire, dans tous les pays suffisamment avancés pour qu'il s'y trouve des écoles et des psychologues. Et les notions « psychotechniques » d'âge mental et de quotient intellectuel sont répandues jusque dans le grand public.

En 1935, C.L. Burt publie à nouveau un livre important : *The subnormal mind* (Oxford University Press). Comment traduire ce titre ? On pourrait dire « l'esprit sous-normal » ou « l'esprit inférieur » ou encore « l'intelligence sous-normale ». Moins littérale, mais proche du contenu du livre serait, par exemple : « la débilité mentale » ou « l'insuffisance intellectuelle ». C'est vrai qu'il ne serait pas très élégant de traduire par « l'imbécile ».

Je vais encore citer deux publications de Burt. En 1940, il fait paraître un livre de plus de 500 pages : *The factors of the mind. An introduction to factor analysis in psychology*, à Londres. En 1971, l'année même de sa mort, il publie encore un article « *Quantitative genetics in psychology* » dans le *British Journal of mathematical and statistical psychology*. Entre ces deux textes, il a beaucoup réfléchi, beaucoup observé et beaucoup publié. Il m'est évidemment difficile de résumer en quelques mots un travail qui a duré pratiquement 60 ans, de 1912 à 1971 ! Ce travail fut récompensé. En 1931, il est nommé professeur titulaire de la chaire de psychologie à l'University College, à Londres. En 1942, il est élu président de la British Psychological Society.

S'interrogeant surtout sur le caractère héréditaire ou non de l'intelligence, Burt s'est convaincu qu'il n'y avait pas moyen de répondre à cette question autrement que par l'observation systématique. Si l'intelligence d'un individu est dépendante de ses gènes – c'est-à-dire si l'on naît débile ou génial –, alors deux frères homozygotes (c'est-à-dire qui sont de vrais jumeaux) auront la même intelligence, puisqu'ils ont les mêmes gènes. Bien sûr, en mesurant leur QI, on ne trouvera peut-être pas tout à fait la même valeur, parce qu'il est très probable que les conditions du milieu (entourage familial, scolarité…) influencent le développement des facultés mentales. Par contre, si l'on observe deux frères hétérozygotes, qu'ils soient jumeaux ou non, on peut s'attendre à des QI très différents. Voilà donc la méthode de Burt. Mesurer les QI d'un grand nombre d'individus, parmi lesquels se trouvent de vrais jumeaux. Si l'on constate une plus grande corrélation entre les QI des vrais jumeaux qu'entre les QI de frères hétérozygotes, c'est que l'intelligence dépend, au moins partiellement, des gènes, des chromosomes !

Et c'est ce que Burt a fait. Déterminer les QI des membres d'une même famille et voir s'il y a une plus grande corrélation des résultats quand on compare les scores de deux vrais jumeaux.

Le fait est que Cyril Burt a trouvé ce qu'il cherchait. Dans une étude publiée en 1966, il fait état de 53 paires de jumeaux homozygotes, pour lesquels il trouve un indice de corrélation des QI atteignant 0,771. Ce résultat est tout à fait favorable à l'héritabilité de l'intelligence, car l'indice de corrélation n'atteint jamais une valeur si élevée quand on compare les QI de membres d'une même famille qui ne sont pas de vrais jumeaux. Cette étude décisive paraît dans le *British Journal of Psychology*, sous le titre « *The genetic determination of differences in intelligence. A study of monozygotic twins reared together and apart* ».

Et donc, Burt meurt en 1971.

Quelques années plus tard, en 1974, un psychologue américain, qui est professeur à l'Université de Princeton, Leon J. Kamin (né en 1927), publie *The science and politics of IQ* (Lawrence Erlbaum Associates, Potomac). Kamin ne cache pas ses opinions de gauche et il est fermement convaincu que l'intelligence n'a rien à voir avec l'hérédité. Il faut dire que la question prend, si j'ose dire, une tout autre couleur aux États-Unis qu'en Grande-Bretagne. Bien sûr, dans les deux pays – et ailleurs – la gauche est contre et la droite est pour le caractère héréditaire de l'intelligence, je l'ai déjà dit. Mais la question est plus vive en Amérique, car elle a des conséquences immédiates sur le problème racial. Si l'intelligence est innée, les Blancs sont-ils plus ou moins intelligents que les Noirs ?

Dans son livre, Kamin examine évidemment les travaux de Cyril L. Burt. Il n'accepte pas les résultats de son concurrent. Malgré les abondants chiffres publiés par l'Anglais, il maintient son opinion. Pour lui, le rôle de l'hérédité dans la diversification de l'intelligence est quasi nulle.

Il écrira un autre livre, en 1984, en collaboration avec Richard C. Lewontin et Steven Rose : *Not in our genes. Biology, ideology, and human nature* (Pantheon, New York). Cet ouvrage, très controversé, sera publié en français en 1985, sous le titre *Nous ne sommes pas programmés* (La Découverte). Le titre est explicite. Pour ces trois auteurs, représentants de la gauche radicale américaine, la biologie et la psychologie n'ont rien à nous apprendre sur la diversification entre les humains. Les humains sont égaux ou, plutôt, *naissent égaux*. Et s'il y a des différences – car enfin, on n'ose pas nier l'évidence – c'est « la faute à la société » et, bien entendu, à la société occidentale, à la société capitaliste. Du Lyssenko *made in USA*.

Kamin a émis, dès 1974, de sérieux doutes sur la valeur des résultats quantitatifs de Burt. Oliver Gillie, le 24 octobre 1976, parle carrément de fraude ! Gillie est un chercheur en sciences médicales et le correspondant, pour les questions scientifiques, du *Sunday Times*. Ce jour-là, un article de Gillie paraît dans le journal : « *Crucial data was faked by eminent psychologist* ». Il s'agit bien de Burt. Je peux traduire : « Données cruciales truquées par un éminent psychologue ».

L'affaire Cyril L. Burt commence…

Une belle affaire, je veux dire un véritable cas d'école pour tous ceux qui s'intéressent aux erreurs de la recherche scientifique.

Oliver Gillie (et d'autres partageront son analyse) estime que les données publiées par Burt sont inconsistantes, au point qu'il lui paraît évident que Burt a… inventé certaines de ses paires de vrais jumeaux ! Notamment ceux de l'article de 1966 que j'ai cité. Il est conforté dans cette opinion par le fait que, à la mort du psychologue, on a constaté que celui-ci avait détruit la plus grande partie de ses archives.

Cela n'a rien d'extraordinaire. Quand on travaille et qu'on publie beaucoup pendant soixante ans, on accumule d'innombrables papiers qui finissent par prendre beaucoup de place. Mais évidemment, quand on est soupçonné de fraude, la disparition de ce qui pourrait être des preuves accentue la suspicion !

En 1979, le travail de Leslie S. Hearnshaw s'achève. Il fut un ami de Burt et il a entrepris d'écrire une biographie du psychologue, d'autant plus qu'il y a maintenant ces accusations de fraude. Le livre paraît à Londres : *Cyril Burt psychologist*. La fraude semble bien établie, mais L.S. Hearnshaw tente d'expliquer les raisons de ce dérapage. Il semble que seules soient falsifiées les données les plus récentes et que, donc, l'essentiel de l'œuvre du professeur Burt peut être conservée comme valable.

Mais la suspicion est là. Burt aurait falsifié certains de ses résultats et aurait probablement inventé des jumeaux. Impossible de déterminer avec précision l'ampleur des manipulations.

Deux ans plus tard, en 1981, deux chercheurs en psychologie de l'Université du Minnesota, à Minneapolis, Thomas J. Bouchard (né en 1937) et Matt McGue publient un petit article, de cinq pages, dans la revue américaine *Science* : « *Familial studies of intelligence : a review* ».

On peut facilement comprendre que Cyril Burt ne fut pas le seul, parmi la vaste corporation des psychologues, à avoir l'idée d'examiner comment l'intelligence est distribuée parmi les membres d'une même famille. Bouchard et McGue ont également fait ce genre d'enquêtes. Ils ont étudié une centaine de cas et ils constatent que, pour des jumeaux vrais, l'indice de corrélation des QI varie de 0,74 à 0,86. Pour des frères (et/ou sœurs), on constate que l'indice varie de 0,40 à 0,46. Rappelons que Burt avait trouvé 0,771 pour des jumeaux homozygotes en 1966, ce qui correspond tout à fait aux nouveaux résultats.

Bien entendu, libre à quiconque qui n'aimerait pas ce que ces chiffres impliquent de prétendre que Bouchard et McGue ont inventé leurs jumeaux ! Une fois que le doute s'est installé… Cependant, les deux chercheurs de Minneapolis poursuivront calmement leurs travaux et publieront encore, notamment, en 2003, un article de quarante pages dans le *Journal of Neurobiology* : « *Genetic and environmental influences on human psychological differences* ». Comme le titre l'indique, ils ne s'intéressent pas qu'à l'intelligence, mais étudient également d'autres caractéristiques psychologiques. Le travail est très bien documenté et les conclusions sont tirées avec la prudence qui convient. Parmi ces conclusions, je citerai ce passage : « Nous pensons que les résultats soutiennent fortement l'idée que les capacités mentales sont organisées hiérarchiquement avec un facteur g au-dessus et des aptitudes mentales spécifiques en dessous. Ce facteur g est d'une importance pratique considérable, bien plus que les capacités mentales spécifiques, *et est influencé significativement par les gènes.* » C'est moi qui souligne cette affirmation de la transmissibilité héréditaire du facteur g d'intelligence générale.

En somme, si j'ai traduit correctement et si j'ai bien compris, et malgré leur prudence méthodologique, je dois admettre que les travaux de Bouchard et McGue nous incitent à conclure que si Burt a falsifié ses données, il n'en avait pas moins raison sur le fond. On peut être un falsificateur « dans la bonne direction » ! L'intelligence serait – en partie – héréditaire.

Et l'on peut maintenant se demander qui est l'inventeur ? Burt a-t-il inventé ses jumeaux ? Ou ses adversaires idéologiques ont-ils inventé l'invention des jumeaux ? Une chose est évidente. L'intelligence de ceux qui étudient l'intelligence est parfois obscurcie par la passion politique. Mais il reste une question : où fait-il le plus sombre, à gauche ou à droite ?

En 1989, Robert B. Joynson (né en 1922), qui enseigne la psychologie à l'Université de Nottingham, tente une réhabilitation dans son livre *The Burt affair* (Routledge, New York).

En 1992, David J. Miller et Michel Hersen dirigent la publication d'un ouvrage collectif : *Research fraud in the behavioral and biomedical sciences*, consacré aux fraudes dans la recherche en sciences du comportement et en sciences biomédicales. Un chapitre y est évidemment consacré à l'affaire Burt. C'est Arthur R. Jensen (né en 1923) qui en est chargé. Sa contribution est intitulée « *Scientific fraud or false accusations ? The case of Cyril Burt* ». Jensen, qui est professeur à l'Université de Californie à Berkeley, admet le caractère héréditaire de l'intelligence. Il a spécialement étudié le rôle de l'appartenance raciale dans les différences d'aptitude intellectuelle. Sans écarter la possibilité de certaines fraudes, Jensen affirme la valeur scientifique de l'ensemble de l'œuvre de Burt. Il avait d'ailleurs déjà pris position en ce sens, dès 1974, alors que certains psychologues commençaient à s'interroger sur la valeur des données publiées par Burt, dans un article de la revue *Behavior Genetics* : « *Kinship correlations reported by Sir Cyril Burt* ».

L'affaire n'est pas encore terminée.

En 1995, Nicholas J. Mackintosh (né en 1935), professeur à l'Université de Cambridge, publie *Cyril Burt: fraud or framed ?* (Oxford University Press) et, en 1998, il publie encore *IQ and human intelligence*, chez le même éditeur, où l'ombre de Cyril Burt est encore bien présente.

Je terminerai cette sombre histoire de jumeaux inventés, à moins qu'il ne s'agisse de l'histoire plus sombre encore de l'invention de l'invention de jumeaux, par un article de 2002, « *New evidence on Sir Cyril Burt : His 1964 Speech to the Association of Educational Psychologists* ». C'est un intéressant article de John Philippe Rushton, un chercheur canadien travaillant au département de psychologie de l'Université du Western Ontario. Il examine de manière critique l'article de 1966, celui où apparaissent 53 paires de jumeaux peut-être fantômes, et étudie les données biographiques sur Burt à cette période. Encore une position en faveur de Sir Cyril L. Burt.

L'histoire n'est probablement pas finie. Quand les documents ont disparu, l'historien dispose de son intelligence (héréditaire ou non) mais aussi, hélas ou heureusement, de son imagination. Et on peut imaginer dans tous les sens… Mais l'histoire est belle. Car qu'il y ait eu ou non fraude, il y a bien eu emportement passionnel.

Voilà l'exposé des faits. Je ne sais pas, *positivement*, si Burt a triché. Mais je pense qu'il était fatal que ses conclusions soient violemment contestées par les égalitaristes. Et je pense aussi qu'il est fort possible qu'un chercheur qui a une idée préconçue, dans quelque domaine que ce soit, et sans doute plus encore dans les domaines « sensibles », soit tenté d'altérer plus ou moins les résultats de ses recherches, dans un sens favorable à sa thèse. Mais si les documents originaux de Cyril Burt sont perdus, l'affaire ne peut être jugée, faute de preuves. Le tribunal des erreurs et des fraudes scientifiques est bien forcé de lui accorder un non-lieu.

Mais il y a bien eu une « affaire Burt », il y a bien eu une « erreur scientifique », qui est soit la manipulation frauduleuse par le psychologue anglais, soit la dénonciation de Leon Kamin. Cependant, la situation est très différente du cas de la mâchoire de Piltdown. Celle-ci était unique et il était décisif, pour la paléontologie, de savoir si elle était fausse ou authentique. Dans le cas de l'hérédité de l'intelligence, admettons qu'il faut accueillir les résultats publiés par Burt avec un doute raisonnable. Cela n'empêchera pas les psychologues de poursuivre leurs travaux. Dans un an, dans dix ans, les progrès de la génétique moléculaire permettront peut-être de trancher la délicate question de la répartition de l'intelligence parmi les hommes. Et, d'ici là, des équipes de psychotechniciens, en prenant toutes les précautions méthodologiques possibles et imaginables, pourront encore mesurer le QI de milliers d'individus, de races, d'origines sociales et de sexes différents, y compris quelques couples bien réels de vrais jumeaux. Ils pourront analyser leurs milliers de résultats grâce à des ordinateurs de plus en plus puissants et construire de beaux tableaux d'indices de corrélation. En attendant, nous pouvons adopter le point de vue de Descartes. Dans son *Discours de la méthode*, René Descartes, résolument égalitariste, affirmait que l'intelligence « est la chose du monde la mieux partagée : car chacun pense en être si bien pourvu, que ceux même qui sont les plus difficiles à contenter en toute autre chose n'ont point coutume d'en désirer plus qu'ils en ont ».

Mais peut-être, comme pour les tourbillons, Descartes s'est-il trompé !

La mémoire de l'eau

En 1911, un jeune pharmacien, René Baudry (1880-1966), fonde la Pharmacie Générale Homéopathique Française à Paris, 68, boulevard Malesherbes. Il faut parfois remonter assez loin dans le temps pour comprendre comment se produit une erreur scientifique. Je vais maintenant examiner une erreur – une erreur presque incroyable – qui apparut en 1988, mais pour bien comprendre, il faut remonter jusqu'à cette date de 1911.

La petite entreprise de Baudry n'est pas la seule officine, en France, à vendre des médicaments homéopathiques. En 1926, le docteur Léon Vannier (1880-1963) fonde les Laboratoires Homéopathiques de France, également à Paris.

En 1930, René Baudry fonde le Laboratoire Central Homéopathique Rhodanien à Lyon, 38, rue Thomassin. En 1932, les frères jumeaux Jean Boiron (1906-1996) et Henri Boiron (1906-1994) créent le Laboratoire Central Homéopathique de France à Paris, 38, boulevard Malesherbes. Et en 1967, les Laboratoires Boiron sont constitués, par fusion des Laboratoires Homéopathiques Jean Boiron, des Laboratoires Homéopathiques Henri Boiron et des Laboratoires Homéopathiques Modernes.

Cette chronologie – évidemment incomplète – pour montrer l'origine des Laboratoires Boiron et pour rappeler que l'industrie des produits homéopathiques n'échappe pas aux règles de saine gestion : croissance, accumulation de moyens financiers et concentration par fusion d'entreprises.

Voilà donc l'histoire du premier acteur, la société Boiron.

Voyons maintenant d'où vient le deuxième acteur, Jacques Benveniste (1935-2004).

En 1965, c'est un jeune médecin plus attiré par les imprévus du laboratoire que par la routine de la pratique en clientèle, et il est engagé par le CNRS pour entreprendre des recherches sur le cancer. Travaux brillants. En 1973, il est engagé comme chercheur à l'INSERM, l'Institut National (français) de la Santé et de la Recherche Médicale. Il s'est spécialisé en immunologie, il fait progresser le savoir, il publie des résultats intéressants. En 1981, il est nommé conseiller de Jean-Pierre Chevènement, le ministre de la Recherche. Une brillante carrière…

Et en 1984, rencontre de Jacques Benveniste et des Laboratoires Boiron. Un contrat est signé. Benveniste entreprend des recherches sur les effets homéopathiques, pour le compte de Boiron. Il cherche, expérimente, réfléchit, travaille…

Qui cherche trouve, dit-on.

Le 30 juin 1988, le numéro 6176 (volume 333) de la revue *Nature* sort de presse. Il contient un article très intéressant (évidemment rédigé en anglais) : « *Human basophil degranulation triggered by very dilute antiserum against IgE* », soit « Dégranulation de basophiles humains déclenchée par un antisérum anti-IgE très dilué ». Ce texte est signé par 13 chercheurs, appartenant à 5 institutions. Le chef du groupe est Jacques Benveniste. Outre le laboratoire de l'INSERM où est basé Benveniste, au 32 de la rue des Carnets à Clamart, il y a quatre autres laboratoires, à l'hôpital Kaplan à Rehovot (Israël), à la Hebrew University of Jerusalem, à l'Université de Milan et à l'Université de Toronto. Une belle équipe internationale, me semble-t-il. Essayons de comprendre.

Je ne vais pas fournir une explication complète, qui devrait être très technique. Contentons-nous d'abord de nous souvenir que le sang contient des cellules, flottant dans le plasma, qui sont les globules rouges et les globules blancs. Ceux-ci, que les biologistes appellent les leucocytes, sont assez diversifiés. Ils sont les agents du système immunitaire. Ces leucocytes, en effet, produisent des substances, les anticorps, qui sont capables de neutraliser certains agents pathogènes tels que virus, bactéries ou molécules allergogènes. Parmi les divers leucocytes, on connaît les basophiles, dont la morphologie est caractéristique. Ils doivent leur nom au fait qu'ils fixent certains colorants basiques. Les anticorps sont des protéines appelées immunoglobulines (Ig), parmi lesquelles l'immunoglobuline E ou IgE. Je dois encore préciser que la dégranulation d'un leucocyte est la disparition de granules (observables au microscope) qui peut être provoquée par diverses substances introduites dans le sang. Voilà. Les termes techniques sont expliqués : basophile, dégranulation, IgE. Nous pouvons maintenant comprendre l'article de Benveniste et de ses douze collègues (je n'ose pas écrire ses douze apôtres).

L'équipe internationale de recherche explique, dans la revue *Nature*, dont la renommée est considérable dans le monde scientifique, que l'on peut assister à une dégranulation des basophiles quand on fait agir, sur un échantillon de sang, une solution *extrêmement diluée* d'anti-IgE. L'observation se fait bien sûr au microscope. Et alors ? En quoi est-ce intéressant ? Mais c'est plus qu'intéressant, cher lecteur, c'est sensationnel ! Parce que le calcul montre que la dilution pratiquée est tellement élevée qu'il n'y a plus, ou pratiquement plus, de molécules de l'agent anti-IgE dans la solution aqueuse utilisée par l'équipe de Benveniste ! C'est pas mal, non ? Une substance qui agit en quantité… homéopathique ! C'est le moment de nous souvenir que la recherche est subventionnée par les laboratoires (homéopathiques) Boiron.

Les *mass media* vont évidemment répercuter l'information. La découverte de l'équipe de Benveniste va devenir, pour les journalistes et le public, la « mémoire de l'eau ». Car si une solution aqueuse d'une substance X est de plus en plus diluée, il vient un moment où la dilution ne contient plus de molécules X. Si alors la solution hyper-diluée présente une activité propre à X et si X n'est plus là, il faut admettre que l'eau de la solution a été « imprégnée » par X, qu'elle a en quelque sorte gardé la mémoire de X. C'est l'idée même de l'homéopathie. Utiliser comme médicaments des solutions aqueuses de diverses substances tellement diluées que les substances dissoutes ont disparu. Mais peut-être que ces solutions hyper-diluées ont gardé la mémoire de ces substances, d'où l'effet thérapeutique ?

La controverse sera rude, car très rapidement il y aura les « pour » (très peu nombreux, mais très enthousiastes) et les « contre ». Car d'autres équipes prétendront que les résultats de Benveniste sont illusoires, provenant soit d'une erreur d'interprétation, soit même d'une falsification délibérée. En tout cas, quelques jours à peine après la parution de l'article sensationnel, la rédaction de *Nature* reçoit des lettres d'étonnement, de doute, de protestation. Le 28 juillet 1988, le numéro 6180 de la grande revue scientifique publie quelques lettres qui mettent en doute les résultats de Benveniste et ses collègues. Notamment une missive de Ronald H.A. Plasterk, du Netherlands Cancer Institute à Amsterdam, une autre de David Taylor Reilly, de l'Université de Glasgow, une autre d'Ignace Lasters et Michel Bardiaux, de l'Université Libre de Bruxelles, une autre d'Antoine Danchin, de l'Institut Pasteur à Paris, d'autres encore. Il est assez rare qu'un article dans *Nature* provoque une telle levée de boucliers. On parle, pas encore de manière bien nette, d'une falsification possible. On parle, plus souvent, d'une maladresse expérimentale.

Où est l'erreur ?

De deux choses l'une.

Ou les treize chercheurs ont raison. Et c'est presque toute la communauté des biologistes, des biochimistes et des médecins qui se trompe. On peut toujours dire que cela s'est déjà vu. Après tout, avant Copernic, toute la communauté des astronomes pensait que le Soleil tourne autour de la Terre… Mais il faut tout de même ajouter qu'au XVIe siècle il n'y avait guère que quelques *dizaines* d'astronomes dans le monde. Aujourd'hui, il y a des milliers, des *dizaines de milliers* de biologistes et de médecins, dans le monde, qui font de la recherche.

Ou alors, les treize chercheurs se sont trompés. La mémoire de l'eau n'est qu'un fantasme ou une supercherie. Ou une farce de laborantin.

Dans les deux cas, c'est vraiment extraordinaire ! Car, dans les deux cas, l'erreur est collective. Mais une chose est sûre. Pour la science standard, il s'agit bien d'une erreur, d'une grave erreur, de Benveniste.

Car, le 4 juillet 1988, le rédacteur en chef de *Nature*, John Maddox (1925-2009), a voulu en avoir le cœur net. Il se rend en France, à Clamart, où il passe une semaine dans le laboratoire de l'INSERM. Il est aimablement accueilli par Jacques Benveniste. Il est accompagné par James Randi, un illusionniste canadien qui s'est fait une spécialité de démasquer les adeptes des phénomènes « paranormaux », et de Walter W. Stewart, un spécialiste des erreurs scientifiques. Les manipulations avec la solution hyper-diluée d'anti-IgE sont refaites en présence des délégués de *Nature*. Pas le moindre résultat !

Maddox, avec Randi et Stewart, publie dans *Nature* (28 juillet 1988) la relation de la visite à Clamart, sous le titre : « *High-dilution experiments a delusion* ».

« Nous concluons, écrivent les trois enquêteurs, qu'il n'y a aucune base substantielle à l'allégation qu'une haute dilution d'anti-IgE retient son efficience biologique, et que l'hypothèse que l'eau peut être imprégnée par la mémoire d'anciens solutés est inutile et fantastique. » Ils précisent aussi : « nous avons été consternés d'apprendre que les salaires de deux des coauteurs avec le Dr Benveniste de l'article publié sont payés dans le cadre d'un contrat entre l'INSERM et la société française Boiron et Cie. »

Les enquêteurs terminent leur article en précisant qu'ils se rendent compte que leur conclusion est une déception pour le laboratoire français. « *We are sorry* », ajoutent-ils.

Toujours est-il que la controverse se développera, que Benveniste maintiendra qu'il a raison et, qu'en 1995, totalement discrédité, il est renvoyé de l'INSERM. Sept ans après le début de l'affaire ! Là aussi, il y a peut-être erreur. Car cela signifie qu'une des plus grandes institutions de recherche scientifique de France a payé *pendant sept années* un chercheur incapable ou menteur.

Benveniste, malgré son renvoi, a gardé des partisans. En 1997, il fondera une entreprise, Digibio, à Paris.

Aujourd'hui, il y a encore des adeptes de la mémoire de l'eau !

L'affaire de la mémoire de l'eau a produit toute une littérature scientifique et journalistique extrêmement abondante, que je n'envisage pas d'examiner. Encore en 2007, Francis Beauvais (né en 1959), un des treize signataires du fameux article de 1988, publiait un gros livre de 632 pages : *L'âme des molécules. Une histoire de la mémoire de l'eau* (chez l'Auteur, Sèvres). Livre qui se termine par des points d'interrogation :

« Et si les hautes dilutions homéopathiques, la « mémoire de l'eau », la « biologique numérique » avaient été autant d'arbres qui avaient empêché de voir la forêt ? Et si la focalisation sur l'eau et la fascination qu'elle exerce avaient détourné l'attention d'un autre phénomène encore plus captivant et inattendu ? »

Car Benveniste et ses partisans iront bien plus loin que la mémoire de l'eau. Ils penseront avoir mis en évidence les premières lueurs d'une Nouvelle Biologie, qui ne serait plus basée sur la conception « mécaniciste » des structures moléculaires et des interactions entre ces structures, mais sur une conception « informationnelle » tout à fait révolutionnaire, où les effets biologiques seraient dus à des transferts d'interactions (électro-magnétiques ?) encore à découvrir.

Que puis-je conclure ?

Si je ne me trompe pas en pensant que la science est née quand l'instrumentation (et donc la vérifiabilité) a été ajoutée au raisonnement, la conclusion est très simple. On ne peut pas, moi pas plus qu'un autre, décider si la mémoire de l'eau est « vraie » ou « fausse » par le seul raisonnement. Ce serait tomber dans le travers que j'ai dénoncé chez Platon, chez Hippocrate, chez Descartes et chez quelques autres ! Il n'y a qu'une solution. Faire des expériences, les refaire, en variant les conditions expérimentales, jusqu'à ce que l'on trouve des résultats indiscutables. C'est ce qu'avaient commencé à faire Maddox, Randi et Stewart. Pour les rayons N, il a suffi que Wood passe une après-midi dans le laboratoire de Blondlot pour que les rayons N disparaissent... Pour la mâchoire de Piltdown, il a fallu attendre plusieurs années, jusqu'à ce que les paléoanthropologues disposent de techniques de datation, pour que l'on se rende compte de la supercherie. Pour la mémoire de l'eau, les techniques à mettre en œuvre sont peut-être plus délicates. Il n'empêche, nous avons deux « résultats », tout à fait opposés, celui de l'équipe Benveniste, celui de l'équipe Maddox.

Et depuis 1988, les résultats sensationnels du laboratoire de Clamart de l'INSERM n'ont plus été reproduits.

On peut répéter *We are sorry*. On peut ajouter *Wait and see*…

Et l'homéopathie ?

Il est clair que la controverse de la mémoire de l'eau a été d'autant plus vive qu'elle impliquait une éventuelle justification du principe de l'homéopathie.

Je suis remonté à 1911 pour raconter la mésaventure de Jacques Benveniste, mais j'aurais pu aussi bien remonter à 1796. Cette année-là, un médecin allemand, Samuel Hahnemann (1755-1843), publie un article « *Versuch über ein neues Prinzip zur Auffindung der Heilkräfte der Arzneisubstanzen* » (Recherche sur un nouveau principe d'évaluation de l'activité curative des substances médicinales) dans le *Journal der practischen Arzneykunde und Wundarzneykunst*. Retenons bien la date : 1796. À cette époque, la science a déjà trouvé sa méthode depuis longtemps, depuis la Renaissance… Mais ne nous trompons pas. Toutes les sciences n'ont pas atteint, à ce moment, le même niveau de scientificité ! L'astronomie est « scientifique » depuis Copernic (1543) ou, plus exactement, depuis Kepler (1609). L'anatomie est scientifique depuis Vésale (1543). La physique est scientifique depuis Galilée (1604). La physiologie est scientifique depuis Harvey (1628). Mais la chimie n'est scientifique que depuis Lavoisier (1789). Quant à la médecine, je veux dire la thérapeutique, pas l'anatomie et la physiologie, qui sont déjà bien développées, elle est encore « pré-scientifique » en 1796. Les médecins de la fin du XVIIIe siècle ne comprennent pas le mécanisme des maladies (il faudra attendre l'époque de Pasteur) et encore moins celui de leur guérison. On connaît de nombreux médicaments, mais on ignore tout de leur manière d'agir dans le corps malade. On connaît de nombreuses maladies, mais leur classification, ou nosologie, n'est qu'une description sans réelle compréhension. D'autre part, les médecins ne sont pas nécessairement au courant de la révolution lavoisienne, qui ne date que de quelques années, à une époque où l'information scientifique circule moins rapidement qu'aujourd'hui.

Cela signifie qu'en 1796, si l'on met à part les connaissances anatomiques et physiologiques (circulation du sang, notamment), les médecins se trouvent face à la maladie et au médicament à peu près dans la même situation que Galien ou qu'Hippocrate ! Aucune idée de ce que sont les atomes et les molécules, et même aucune idée de la distinction entre corps simples et corps composés. Ignorance de la constitution cellulaire des êtres vivants. Méconnaissance totale des mécanismes immunologiques et des interactions entre le système neuro-hormonal et les états de conscience. Dans une telle ambiance intellectuelle, la méditation de Hahnemann est bien de son temps. Il raisonne à partir d'observations insuffisantes, comme tous les raisonneurs que nous avons rencontrés – Platon et les éléments, Hippocrate et les humeurs, Descartes et les tourbillons. Il pense que des quantités infimes – homéopathiques, car Hahnemann est l'inventeur de l'homéopathie – de médicaments peuvent agir plus efficacement que des quantités plus importantes. Pourquoi pas, quand on ignore tout des réalités moléculaires, des mécanismes immunitaires, du métabolisme ?...

On me dira que le médecin Hahnemann eut des résultats positifs chez ses clients. Mais, en 1796, tous les médecins et aussi tous les guérisseurs avaient des résultats positifs chez leurs clients ! D'ailleurs, deux mille ans plus tôt, Hippocrate avait de tels résultats positifs chez ses clients qu'il a acquis une réputation extraordinaire. Mais plus personne n'accorde le moindre intérêt à la théorie des quatre humeurs. Et les sauvages de tous les continents ont des guérisseurs qui réalisent des guérisons.

Alors ? Ranger l'homéopathie dans une des colonnes du tableau des erreurs scientifiques ?

S'il s'agit de la *théorie* homéopathique, certainement ! Aucun scientifique sérieux, au XXIe siècle, ne peut accorder le moindre intérêt aux idées de dilution extrême et de *similia similibus curantur* (les semblables se guérissent par les semblables). Cet adage, à la fois simple et universel, comme toutes les affirmations de la pensée archaïque, est la grande idée de l'homéopathie, à laquelle elle doit son nom : soigner un mal par la cause du mal, mais hyper-diluée !

Et s'il s'agit de la *pratique* homéopathique ? Ici, il faut être infiniment plus nuancé. D'abord, un argument de taille. Il y a des médecins homéopathes, il y a des sociétés qui fabriquent des médicaments homéopathiques, et il y a des gens qui se soignent par homéopathie et qui s'en trouvent très bien. On peut évidemment répondre qu'il y a des Français cultivés qui croient à l'astrologie, à la voyance ou aux « sagesses orientales » !

Mais passons sur cet argument. Il y a sans doute des guérisons dues à la pratique homéopathique. Qu'en conclure ?

Je pense que l'on entre là dans l'immense domaine des relations entre le corporel et le psychique. Ce que les médecins (« conventionnels ») appellent le domaine psychosomatique. Une maladie est le désordre d'un corps qui provoque des souffrances et la réaction du corps à ces souffrances. Ce désordre peut provenir d'une infection par un parasite (virus, bactérie, protozoaire…), d'une intoxication aiguë ou chronique, d'un dysfonctionnement d'origine génétique, d'une dégénérescence liée au vieillissement ou à certains modes de vie… C'est d'une complexité effroyable, parce que le corps humain est d'une complexité effroyable (il est quand même formé de dizaines de milliards de cellules, elles-mêmes ayant chacune une structure très complexe...) et que l'environnement qui peut l'affecter est d'une complexité effroyable : il y a des milliers d'espèces de microbes, des millions de sortes de molécules souvent diversement agressives, etc.

On est loin de la simplicité de l'astronomie, où le Soleil n'est entouré que de neuf planètes, ou de la chimie, où le tableau de Mendéléev ne comporte qu'une centaine d'éléments !

Conclusion ? Théorie fausse, évidemment. Pratique parfois efficace, indiscutablement. Il y a aussi des guérisons à Lourdes, dans le cadre de la foi chrétienne, et d'autres dans la vallée du Gange, dans le cadre de la foi hindouiste. Car une chose est de plus en plus évidente, c'est que l'espoir du malade intervient dans son éventuelle guérison. Les médecins conventionnels ne le nient pas, car ils savent que même les médications « allopathiques » n'ont pas la même efficacité sur tous les malades atteints d'une même maladie. L'état psychique interfère avec les propriétés pharmacodynamiques du médicament. Comment ?

Ici, ce n'est pas une erreur scientifique.

C'est une ignorance.

Car la science, je crois l'avoir déjà dit, n'a pas réponse à tout.

Mais au fait ! Jacques Benveniste, chercheur en médecine, a voulu prouver la valeur de l'homéopathie dans le cadre d'un contrat avec une société produisant des médicaments homéopathiques. A-t-il cru trouver quelque chose, aveuglé par la passion de la recherche ? A-t-il délibérément truqué ses résultats, pour que son contrat avec Boiron soit renouvelé ? Je n'en sais évidemment rien. Mais je me pose une question. Combien y a-t-il, en France, de médecins, de pharmacologues, de biologistes qui, comme Jacques Benveniste, font de la recherche sous contrat, payés directement ou indirectement par des sociétés productrices de médicaments, qu'il s'agisse d'ailleurs de produits allopathiques ou homéopathiques ? Je suis sûr qu'ils sont très nombreux. Je n'ai certes pas l'intention de jeter la moindre suspicion sur toute une profession, mais l'on peut se demander si le cas de Benveniste est vraiment unique. N'y a-t-il pas, de temps en temps, en France ou ailleurs, un chercheur qui « découvre » qu'une molécule a tel effet en laboratoire ou qu'une substance donne tel résultat sur un groupe de malades, chercheur qui est payé par le producteur de cette substance ? Il me semble que je soulève ici un problème effrayant, car pourquoi se limiter à la médecine et à la pharmacologie ? Quelle est la part des découvertes scientifiques qui correspondent aux souhaits des commanditaires de la recherche et qui sont totalement fausses ? Ce que Lyssenko a pu faire grâce à Staline, des industriels ne peuvent-ils pas le faire grâce à leur argent ?

Quelle est, en 2010, la part de la science qui est fausse, parce que truquée au profit des financiers qui dirigent la grande industrie ? Combien y a-t-il de phénomènes, longuement décrits dans des articles savants, dûment publiés par des revues internationalement réputées, enseignés dans les universités du monde entier et qui ne sont que des mensonges inventés par des chercheurs véreux ?

La réponse est simple et toujours la même : vérifiabilité.

Si un industriel de l'électronique ou de la chimie veut obtenir un résultat contraire aux lois de la physique et de la chimie, il pourra mettre autant de dollars ou d'euros qu'il peut dans la poche des chercheurs, ça ne marchera pas ! C'est très facile à vérifier. Impossible de fabriquer un ordinateur qui ne tombe jamais en panne, de constituer un alliage qui résiste à tous les agents corrosifs, un moteur qui fonctionne sans énergie, une entreprise qui produit quoi que ce soit sans émettre des déchets. Toute innovation en physique, en chimie ou en technologie est vérifiable. On ne peut guère tricher dans les labos dans ces domaines.

Vous la comprenez, maintenant, la différence qu'il y a entre les sciences « exactes », aussi appelées les sciences dures, et les sciences « humaines », que l'on appelle aussi les sciences molles ou tendres ?

En médecine, la vérifiabilité est beaucoup plus limitée qu'en physique ou en chimie, parce que le système étudié – le corps humain – est d'une complexité inouïe.

Dans l'immense littérature médicale et pharmacologique, il y a peut-être des résultats faux publiés et acceptés par la communauté scientifique, il y a peut-être des idées fausses qui circulent, des médicaments qui se vendent et dont l'efficacité est faible, voire nulle ou même, ce qui est pire, qui mettent en danger la santé des malades.

Je n'ai quand même pas dit que les médecins et les pharmacologues sont moins honnêtes que les physiciens et les chimistes. Mais ils naviguent dans des eaux plus troubles.

Je suis presque sûr qu'en cherchant bien, on trouverait, dans les sciences médicales, bien plus d'erreurs scientifiques (illusions ou fraudes) que dans les sciences physico-chimiques, pas parce que les chercheurs y sont plus émotifs ou moins honnêtes, mais parce que l'objet de leurs recherches est nettement plus complexe.

Mais alors, si le corps humain est un « objet » d'étude presque infiniment plus complexe que le contenu d'un ballon en verre dans un laboratoire de chimie, il faut se dire qu'il y a un autre « objet » d'étude presque infiniment plus complexe que le corps humain et qui est bien sûr l'ensemble des hommes et des femmes, c'est-à-dire l'humanité. Soit près de sept milliards d'individus ! Ce n'est pas l'infini, mais cela en approche, d'autant plus que pour comprendre le comportement des humains d'aujourd'hui, il faut connaître le comportement des humains d'hier (quelques milliards en plus), puisque la situation actuelle dépend du passé.

L'étude scientifique de l'humanité s'appelle « économie » ou « science sociale ». L'économie est aussi complexe par rapport au corps humain que le corps humain est complexe par rapport aux molécules et atomes des physiciens et des chimistes ! Mais il faut envisager les « erreurs » des économistes avec la même attention que celles de l'homéopathie. Les théories de la médecine homéopathique ont été développées avant même que la médecine puisse être considérée comme une science. En 1796, je le répète, la médecine était encore pré-scientifique.

Malgré les enseignements qui se développent dans les universités et les *business schools*, l'économie, en 2010, en est encore au stade pré-scientifique, du moins dans une grande partie de sa production. Elle était encore au stade du raisonnement (l'économie est certes très rationnelle) sans vérifications possibles.

Encore une fois, comparons avec la physique et la chimie. Certes, il y a des débats chez les physiciens et les chimistes, tous n'ont pas exactement les mêmes idées sur l'âge de l'Univers ou sur les particules élémentaires. Mais tous les physiciens, tous les astronomes, tous les chimistes partagent une méthode commune et les principes de base de leur savoir. Il n'y a pas de « sectes » chez les physiciens. Mais chez les économistes ? Ils sont néoclassiques ou keynésiens, libéraux ou marxistes, partisans de l'intervention de l'État ou défenseurs du laisser-faire… Et le moins que l'on puisse dire, c'est que les oppositions sont violentes. C'est que les théories économiques sont moins vérifiables encore que les doctrines médicales et pharmacologiques.

En somme, et j'accorde un certain prix à cette remarque, en étudiant les erreurs « de la science », nous avons rencontré le facteur humain : émotivité, rêves de gloire ou de fortune, perceptions fausses, raisonnements tronqués, autosuggestion, entêtement, malhonnêteté…

Nous avons découvert qu'une science est d'autant plus vraie que son objet est moins humain. Rien de ce qui est humain n'est objectif. Peut-être devons-nous nous résigner à en savoir toujours plus sur les planètes et les étoiles, toujours plus sur les atomes et les molécules, et à rester dans une docte ignorance quand il s'agit de la santé individuelle et du bien-être économique et social.

Quand Socrate a dit, un jour : « Connais-toi toi-même », le champion de l'ironie savait sans doute que c'est une mission impossible.

La fusion froide

Il est fascinant de se rendre compte que le mitchourinisme, qui est une pure illusion, fut pendant pratiquement un demi-siècle la doctrine officielle en matière de biologie et d'agronomie en URSS et, aussi, chez les intellectuels en dehors de l'URSS attirés par le communisme. La deuxième puissance mondiale entièrement aveuglée par sa foi idéologique, accueillant les idées mal coordonnées d'un agronome peu au courant des progrès scientifiques de son temps.

En rejetant les résultats de Darwin et de Mendel, le mitchourinisme est exactement symétrique d'une autre conception du monde, construite également dans le cadre d'une idéologie, le créationnisme. Celui-ci, au nom du dogme christiano-musulman, prétend que les espèces vivantes ont été créées par Dieu, niant les mécanismes de l'évolution biologique. Le mitchourinisme, de son côté, au nom du dogme marxiste, pose que les espèces peuvent être créées par l'homme – par l'agronome nourri de science prolétarienne, du moins – et nie semblablement le transformisme darwinien. Deux illusions, opposées, mais toutes deux basées sur l'acceptation aveugle d'un dogme invérifiable.

Si le mitchourinisme et le créationnisme sont donc des erreurs induites par l'intérêt, je dirais même par l'obsession idéologique, la dernière erreur « scientifique » que nous allons examiner fut induite par une véritable obsession économique.

L'affaire commence en 1989, le 23 mars.

À cette époque, les pays industrialisés sont encore sous le coup du « choc pétrolier » de fin 1973. Les pays arabo-musulmans avaient brutalement augmenté le prix du pétrole brut et les responsables des États, les dirigeants des entreprises, les chercheurs scientifiques et même une partie substantielle de l'opinion publique, s'inquiétaient de plus en plus de la difficile question de l'approvisionnement énergétique. Tôt ou tard, les sources de pétrole seront taries et il faut, donc, développer de nouvelles techniques de production d'énergie. En état de besoin, on réfléchit, un peu, et on rêve, beaucoup. La source d'énergie la plus puissante connue par les physiciens et les ingénieurs était – et est encore – l'énergie nucléaire de fusion, appelée aussi énergie thermonucléaire. Elle est encore plus productrice que l'énergie nucléaire de fission et présente l'avantage d'engendrer moins de déchets radioactifs.

Mais les ingénieurs savaient – et savent encore – qu'il n'y a pas d'avantage sans inconvénients. Si la fusion nucléaire est une source énorme d'énergie, presque illimitée par rapport aux besoins de l'humanité, par contre elle est incomparablement plus difficile à réaliser de manière contrôlée que la fission. De manière incontrôlée, pas de problème : c'est ce qui se passe dans les bombes H… Il est plus facile de fabriquer des armes de destruction massive que des systèmes de production massive, d'énergie ou d'autre chose…

Je ne vais pas entrer dans les détails techniques. Nous avons vu qu'avec des neutrons on peut casser des noyaux d'uranium et libérer de l'énergie. Les neutrons sont neutres, électriquement, ce qui signifie qu'ils s'approchent sans rencontrer de résistance des noyaux-cibles, qui sont électriquement positifs. Pour réaliser une fusion nucléaire, il faut « fusionner » deux noyaux, c'est-à-dire qu'il faut les rapprocher jusqu'à ce qu'ils réagissent. Mais les noyaux étant chargés positivement, ils se repoussent et se repoussent d'autant plus qu'ils sont plus proches. Le seul moyen connu en 1989 pour réaliser une fusion de noyaux, c'est de les chauffer à une température extraordinairement élevée. Les physiciens disent que l'agitation thermique devient capable, quand la température est suffisante, de vaincre la « barrière de potentiel électrique » des noyaux. C'est ce qu'on fait dans les bombes H. Une bombe nucléaire « ordinaire », à l'uranium, explose au sein d'un volume d'hydrogène, ce qui chauffe extrêmement les noyaux d'hydrogène et entraîne leur fusion.

Et maintenant, vous avez toutes les données du problème : un espoir de trouver une source d'énergie nouvelle ; la connaissance du fait que la fusion nécessite des températures tellement élevées que la réalisation technologique est très incertaine. Et si l'on parvenait à réaliser une fusion nucléaire à basse température, une « fusion froide » ? Ce serait merveilleux !

Eh bien, deux Américains y parviennent, à l'Université de l'État de l'Utah, à Salt Lake City, au début de l'année 1989. Ils avertissent des journalistes avant même de publier la description de leur expérience dans une revue scientifique. Le 23 mars, la une du *Financial Times* annonce au monde entier – admiratif et plein d'espoir – la découverte de la fusion froide. En avril, l'article des deux chercheurs, Martin Fleischmann (né en 1927) et Stanley Pons (né en 1943), intitulé « *Electrochemically induced nuclear fusion of deuterium* », paraît dans le *Journal of Electroanalytical Chemistry*. En mai, l'American Physical Society organise un colloque sur la question, réunissant quelques-uns des physiciens les plus éminents des USA. Conclusion : l'expérience n'est nullement probante, l'interprétation de ses auteurs est erronée, *il n'y a pas de fusion nucléaire à basse température*. Mais l'espoir est trop grand.

En août, l'État de l'Utah réunit la belle somme de 4,5 millions de dollars pour fonder le National Cold Fusion Institute, à Salt Lake City. Ce sera en pure perte…

On retrouvera le schéma habituel : il y a ceux qui sont pour (car Fleischmann et Pons ont su être convaincants), il y a ceux qui sont contre (quelques physiciens qui prennent la peine de faire l'expérience) et il y a la grande majorité des scientifiques qui se désintéressent de la question, sachant bien qu'en physique et en technologie il n'y a pas de miracle…

Car qu'ont prétendu Fleischmann et Pons ? Ils ont effectué une expérience d'électrolyse, ce qui est très banal. Il s'agit de faire passer un courant électrique dans un liquide pour le décomposer. On a découvert l'électrolyse de l'eau déjà en 1800, c'est donc un phénomène bien connu. Au lieu d'utiliser de l'eau ordinaire, les deux Américains utilisent de l'eau lourde, c'est-à-dire de l'eau dans laquelle l'hydrogène est remplacé par du deutérium. Le noyau d'hydrogène comporte un seul proton. Le noyau de deutérium est formé d'un proton et d'un neutron. Pour faire passer le courant dans l'eau lourde, il faut des « électrodes ». Fleischmann et Pons ont choisi d'utiliser du palladium. Ils font donc passer le courant électrique dans leur montage expérimental et ils ont placé leur dispositif dans un calorimètre. Ils constatent une élévation de température importante. Leur interprétation est simple. S'il y a élévation de température, c'est qu'il y a un dégagement d'énergie. D'accord. Et comme l'effet thermique est important, il doit être dû à une fusion nucléaire. Les deux chercheurs ne doutent pas d'avoir réussi, grâce à l'électrolyse et au palladium, à réaliser la fusion de deux noyaux de deutérium, ce qui devrait donner un noyau d'hélium. Le noyau d'hélium, en effet, est formé de deux protons et de deux neutrons.

Tout cela semble correct, mais il y a une *petite* difficulté. Comment, avec un équipement aussi simple, un noyau de deutérium (électriquement positif) a-t-il pu se rapprocher jusqu'à la fusion d'un autre noyau ? Les théoriciens disent la chose impossible. Les expérimentateurs décèlent des anomalies dans l'interprétation des faits mesurés.

L'histoire devient incroyable.

En mars 1990, malgré l'avis négatif de nombreux spécialistes, la First Annual Conference on Cold Fusion se tient à Salt Lake City. Une deuxième Conférence sur la fusion froide se tiendra à Côme en 1991, une troisième à Nagoya (Japon) en 1992, une quatrième encore à Maui (Hawaii) en 1993. On imagine que les publications se multiplient, pour ou contre.

Entre-temps, en 1992, Martin Fleischmann et Stanley Pons arrivent en France, pour travailler sur un projet de recherche largement financé par le constructeur automobile Toyota. C'est qu'il ne faut pas passer à côté d'une éventuelle source d'énergie presque inépuisable !

Le projet de Toyota sera abandonné, sans le moindre résultat utile, en 1998. Enfin, il y a tout de même un résultat comptable. D'après certains journalistes, Toyota aurait perdu plus de 12 millions de dollars dans cette recherche d'une énergie… « philosophale »…

En 1992, le très respecté MITI, le Ministry of International Trade and Industry, le ministère japonais de la Recherche industrielle, met sur pied un programme de recherches sur la fusion froide. Après avoir investi quelque 20 millions de dollars et sans avoir rien récolté, le MITI abandonne le programme en 1997.

L'observation de la fusion froide est-elle une erreur ?

J'en suis convaincu, mais je ne l'affirme pas. Il faut être prudent. Il est toujours possible de prétendre que des lois de la nature encore inconnues seront découvertes un jour et qu'elles permettront de réaliser la fusion du deutérium à la température ordinaire ou qu'elles expliqueront l'homéopathie. Comme le deutérium est abondant, on aurait là une source d'énergie qui résoudrait bien des problèmes d'une humanité menacée par sa croissance démographique, par la restriction de ses ressources, énergétiques et autres, et par une pollution forcément en constante augmentation.

Je sais, ce qui s'appelle savoir, qu'il n'y a ni quatre, ni cinq éléments. Je sais qu'il n'y a aucun rapport entre les éléments de la matière et les cinq polyèdres réguliers, ni entre ceux-ci et les positions des planètes. Je sais que l'alchimie n'était qu'une délicieuse illusion et que l'on ne peut ni transformer du fer en or ni obtenir d'un coup de baguette magique une panacée universelle ni produire, grâce à la pierre philosophale, l'élixir de longue vie.

Je sais que les tourbillons de Descartes n'ont existé que dans l'imagination d'un des plus grands philosophes de tous les temps.

Je sais qu'il n'est pas possible de rendre sain d'esprit un fou en lui transfusant le sang d'un veau ou d'un agneau.

Je sais que le junonium, le pélopium, le donarium, le wasium, le philippium, le décipium, le celtium, le virginium et l'alabamium, pourtant dûment « découverts » dans leurs laboratoires par d'éminents chimistes, n'existent pas.

Je sais que la loi de Bode n'a aucune valeur.

Je sais qu'il n'y a pas de canaux sur Mars ; je sais qu'il n'existe ni rayons N ni rayons N1 ; je sais que la radioactivité n'est pas un agent thérapeutique universel.

Je sais que, « dans l'état actuel de la science », le darwinisme et le mendélisme sont vrais, et que le mitchourinisme et le lyssenkisme sont faux.

Je sais que la communauté scientifique internationale considère la mémoire de l'eau comme un mirage et la fusion froide comme une supercherie ; je sais qu'elle range l'homéopathie avec les « fausses sciences », comme l'astrologie ou la numérologie.

Je sais, enfin, qu'il est arrivé à « la science » de se tromper, c'est-à-dire qu'il y eut des savants, des chercheurs, des spécialistes, des experts, longuement formés à la théorie et à la pratique des laboratoires, disposant d'une instrumentation sophistiquée et performante, qui ont fait des erreurs.

Mais je sais aussi que ces erreurs, finalement, sont incroyablement peu nombreuses par rapport aux résultats positifs de la recherche scientifique laborieuse et dépassionnée. Les chimistes du XIXe siècle ont cru découvrir une dizaine d'éléments qui, en fait, n'existaient pas. Mais les chimistes ont découvert, depuis les premières réflexions de Thalès jusqu'à nos jours, plus de 110 éléments qui existent ! Quelques astronomes ont cru voir des canaux sur Mars. Mais il faudrait des milliers de pages pour décrire tous les phénomènes – bien réels – découverts par les astronomes qui ont scruté les planètes et les étoiles ! Et pour une mâchoire truquée à Piltdown, il y a, soigneusement conservés dans les musées du monde, des milliers d'ossements fossiles dûment datés, parfaitement authentiques, soigneusement numérotés, qui attestent de la valeur des propositions de la théorie biologique de l'évolution et qui font de l'anthropologie physique une science aussi sûre que la physique ou la chimie.

C'est cela qu'il faut retenir. La science peut se tromper. Mais elle est capable de constater qu'elle se trompe. Elle peut corriger ses erreurs.

La science n'est pas vraie.

Elle est vérifiable.

La science n'est pas parfaite.

Elle est perfectible.

La science n'est pas définitive.

Elle est en constante construction.

Il existe d'autres discours que la science, qui eux annoncent avec force et véhémence qu'ils possèdent la Vérité, la Très Sainte, la Très Haute et la Très Sacrée Vérité. Vous en avez probablement entendu parler et je n'insiste pas.

En ayant étudié quelques erreurs de la science, somme toute fort rares, nous avons appris comment les hommes, même entraînés par de longues études à trouver le vrai, peuvent se tromper, parfois lourdement et longuement. Nous pouvons maintenant nous faire une opinion sur ces « discours de Vérité » qui, d'ailleurs – ce qui me semble révélateur – ne disent pas tous la même chose. Car le vrai est unique et le faux est innombrable.

Et ne soyez pas étonnés si ces « discours de Vérité » trouvent des adeptes, sûrs de leurs certitudes, parfois jusqu'au fanatisme. Parce qu'un croyant trouve toujours un plus croyant pour le suivre.

Quelques penseurs postmodernes, ayant atteint les très hauts sommets de la très haute spéculation intellectuelle, sont redescendus de la montagne en annonçant aux peuples ébahis la « faillite de la science », la « fin des certitudes » et la « banqueroute de la raison », et ont prêché le pluralisme – c'est-à-dire la multiplicité des vérités –, nous annonçant un *New Age* dont on s'aperçoit qu'il sera un Nouveau Moyen Âge. Ce retour du spirituel, ou ce recul du rationnel, remplacera les vérités vérifiées par les vérités révélées et la recherche des laboratoires sera interdite, car le dogme frénétique des oratoires répondra à toutes nos questions. Lyssenko nous a montré la voie. C'est un mouvement probablement irrésistible. Peut-être que l'homme de notre temps doit se préparer à la disparition d'une science qui commet des erreurs (rares) et à son remplacement par la Doctrine Infaillible. En montrant comment, parfois, la science se trompe, j'ai tenté de déterminer ce que peut être un savoir qui ne se tromperait jamais. Si bien que ce petit livre, qui est une promenade un peu frivole le long de quelques chemins oubliés de l'histoire de la pensée des hommes, peut aussi être lu comme un avertissement. Mais, ayant examiné quelques erreurs des autres, je ne commettrai pas l'erreur d'annoncer l'avenir. Je ne suis le prophète ni du Sur-Homme ni du Sous-Homme.

Mais, ma plus grande erreur serait de ne pas tenir compte des réflexions de mes plus illustres prédécesseurs…

Sur le sujet que j'ai traité, bien légèrement je le crains, Alain a dit : « L'erreur n'a rien d'étrange ; c'est le premier état de toute connaissance. » Il est même allé plus loin : « Toutes nos vérités, sans exceptions, sont des erreurs redressées. »

Quant à Gaston Bachelard, il va encore plus loin dans la compréhension de l'erreur comme point de départ pour atteindre la vérité, quand il nous propose : « L'erreur est un des temps de la dialectique qu'il faut nécessairement traverser. Elle suscite des enquêtes plus précises, elle est l'élément moteur de la connaissance. » Dans son très admirable essai *La Psychanalyse du feu*, Bachelard écrit encore : « Il suffit que nous parlions d'un objet pour nous croire objectifs. Mais par notre premier choix, l'objet nous désigne plus que nous ne le désignons et ce que nous croyons nos pensées fondamentales sur le monde sont souvent des confidences sur la jeunesse de notre esprit. Parfois nous nous émerveillons devant un objet élu ; nous accumulons les hypothèses et les rêveries ;

nous formons ainsi des convictions qui ont l'apparence d'un savoir. Mais la source initiale est impure : l'évidence première n'est pas une vérité fondamentale. »

Et je laisserai le mot de la fin à l'indépassable Emmanuel Kant, l'homme qui a osé critiquer la raison à l'aide de la raison et qui a affirmé : « Ce qui rend l'erreur possible, c'est donc l'apparence suivant laquelle le simple subjectif est pris pour de l'objectif. » Bref, prendre ses désirs pour des réalités, comme Platon, Blondlot, Mitchourine et quelques autres…

Postface
Qu'est-ce que la science ?

Les récits qui précèdent n'ont pas qu'un intérêt anecdotique. Ils recèlent une signification philosophique qui doit être mise à jour. Il s'agit de ***la valeur de la science***, question plus que jamais d'actualité, au moment où l'humanité « mondialisée » vit le paradoxe que c'est alors même que la science révèle toute l'ampleur de son adéquation avec le réel, par les accomplissements d'une technologie efficace qui en découle, que la validité de la science et de la démarche scientifique est mise en doute par des courants de pensée « postmodernes », tels que ceux initiés par Michel Foucault, Paul Feyerabend, Hans Jonas, Bruno Latour et quelques autres. L'obscurantisme du Moyen Âge était compréhensible, « naturel » en somme, la science n'existait pas encore. Le néo-obscurantisme – le grand retour des superstitions – du *New Age* est pathologique, « pervers » et sans doute beaucoup plus dangereux.

Le mot « science » peut désigner deux réalités bien distinctes. D'une part, c'est une méthode de travail intellectuel assez particulière, dont la pratique exige un long apprentissage. La science est alors la recherche « scientifique », le travail particulier de ceux que l'on appelle des chercheurs scientifiques. Dont la méthode est très différente de celle des écrivains, des prêtres, des législateurs, des politiciens, des voyants extra-lucides et des astrologues. D'autre part, la science est aussi l'ensemble des résultats obtenus grâce à cette méthode. On peut enfin, par abus de langage, utiliser ce mot « science » pour désigner la « communauté scientifique internationale », c'est-à-dire l'ensemble des chercheurs qui utilisent cette méthode. On voit donc que pour expliquer ce qu'est la science et pour déterminer quelle est sa valeur, il suffit de pouvoir expliciter les caractéristiques de la méthode scientifique. C'est la question à laquelle les philosophes tentent de répondre par l'épistémologie – du grec « épistémè », savoir, et « logos », discours.

À vrai dire, l'objet de l'épistémologie est plus vaste que la seule détermination des particularités de la méthode scientifique. Elle étudie la connaissance, c'est-à-dire qu'elle tente de répondre à la double question : l'homme peut-il acquérir un savoir ; quelle est la valeur de ce savoir ?

Il est en effet immédiat de se rendre compte que les savoirs des hommes ne sont pas tous de nature scientifique. Il y a d'abord ce que l'on pourrait appeler des savoirs ordinaires, acquis par quiconque, presque spontanément, sans qu'il soit nécessaire pour les atteindre d'avoir subi une formation particulière, d'avoir acquis une méthode spéciale. Je *sais* où se trouvent mes clés et je *sais* qu'il fait plus froid aujourd'hui qu'hier. La manière, dont ces savoirs se constituent, est étudiée par la psychologie et, plus précisément, par ce que l'on appelle aujourd'hui la psychologie cognitive (du latin *cognitio*, connaissance). La connaissance est une des facultés mentales de l'espèce humaine. Mais il est d'autres savoirs. En voici quelques exemples : « les licornes ont une corne sur le front », « il y a trois personnes en Dieu », « il faut voter à droite (ou à gauche) »… Le premier « savoir » a été élaboré par la poésie, le deuxième par la religion – et plus précisément par la religion chrétienne –, le troisième par une idéologie.

La science, la « connaissance scientifique », se distingue à la fois du savoir poétique, du savoir religieux et du savoir idéologique.

Le meilleur moyen de bien comprendre la nature de la science est d'examiner l'histoire de la pensée humaine. Examiner comment elle a effectivement fonctionné au cours du temps et ce qu'elle a effectivement élaboré comme connaissances.

Après des millions d'années de pensée rudimentaire, l'homme ayant inventé successivement le langage, le feu, la sédentarisation, l'agriculture et l'écriture va réfléchir plus profondément et élaborer des mythes pour répondre à ses premières curiosités. Au VIe siècle avant notre ère, en Grèce, quelques individus, peu nombreux, tentent de s'affranchir de ces savoirs qu'ils jugent incertains et opposent aux traditions (poétiques et religieuses) les conclusions de leur propre raison. Ainsi naît la pensée « rationnelle » (du latin *ratio*, raison) ou « logique » (du grec *logos*). Ne disposant comme « outil intellectuel » que du raisonnement, ils développent l'arithmétique, la géométrie et l'astronomie de position, qui forment une « protoscience ». Pour que celle-ci devienne la science au sens plein du terme, il faut qu'au raisonnement soit ajouté un deuxième outil de connaissance, que j'appelle l'instrumentation. Les historiens retiennent généralement la date de 1543 comme symbole de cette naissance de la science – avec la parution du livre de Copernic. À ce moment, la science est en pleine possession de ses moyens, qui sont le raisonnement mathématisé et l'observation instrumentée, c'est-à-dire qu'elle réalise une synthèse du rationalisme et de l'empirisme.

Il est d'une très profonde signification que, malgré les immenses progrès accomplis de 1543 à nos jours, la science fonctionne encore aujourd'hui avec ces moyens exclusivement. Depuis Copernic, rien n'a été ajouté à l'arsenal de la recherche scientifique, au raisonnement (avec des modélisations mathématiques, il est vrai, de plus en plus sophistiquées) et à l'instrumentation (avec des instruments, faut-il le rappeler, de plus en plus perfectionnés et performants). C'est un point essentiel de l'épistémologie de devoir admettre que les biologistes moléculaires, les physiciens des particules élémentaires et les cosmologistes qui mesurent l'âge des étoiles ne disposent pas d'autres outils que Copernic, Galilée, Kepler ou Vésale : l'instrumentation et le raisonnement.

Les discours non-scientifiques qui prétendent dire le vrai, c'est-à-dire les religions, les idéologies et, aussi, une certaine poésie à prétention philosophique ou, encore, les pseudosciences (astrologie, radiesthésie, numérologie, psychanalyse…), disposent de deux autres moyens de connaissance, que la science n'exploite pas, qui sont la tradition (généralement basée sur une révélation divine ou sur des textes sacrés) et l'intuition. Il faut ajouter que les adeptes des pseudosciences ajoutent encore un cinquième moyen d'accès au savoir, qui est qualifié en général de « paranormal » ou « parapsychique » : télépathie, voyance, contacts directs avec le « monde spirituel » (spiritisme, chamanisme, mysticisme…).

Les principes fondamentaux du raisonnement ont été codifiés par Aristote dès le IVe siècle avant notre ère. Ces principes sont encore valables, mais ils ont été prolongés de manière extrême par la scolastique médiévale d'abord et par le développement de l'outil mathématique ensuite.

L'instrumentation a également évolué fortement depuis les premiers télescopes (la lunette de Galilée) et microscopes du XVIIe siècle.

Le caractère foncièrement perfectible tant du raisonnement (complexification des algorithmes) que de l'instrument a pour conséquence que la science elle-même est perfectible, c'est-à-dire qu'elle est un processus en évolution, qu'elle *est* une histoire.

Le raisonnement n'est pas absent des discours non-scientifiques. Mais l'instrumentation manque toujours ! Or c'est celle-ci qui donne à la science sa puissance, son caractère spécifique, qui la distingue de tous les autres discours et qui est la *vérifiabilité*. Les moyens d'acquisition du savoir prétendument mis en œuvre par la non-science – tradition, intuition et contacts spirituels – sont, par essence, invérifiables. Nous pouvons dire pour conclure – tenant compte du fait que la science peut parfois déboucher sur des erreurs – que la science est un discours vérifiable qui n'a pas réponse à tout, contrairement à de nombreux discours qui ont réponse à tout, mais qui ne sont pas vérifiables.

Table des matières

Achevé d'imprimer sur les presses de
Snel
Z.I. des Hauts-Sarts - Zone 3
Rue Fond des Fourches 21 – B-4041 Vottem (Herstal)
Tél +32(0)4 344 65 60 - Fax +32(0)4 286 99 61
Septembre 2010 – 51872

Dépôt légal : 2010

Imprimé en Belgique